目　次

前 言

为加强中国华能集团公司水力发电厂技术监督管理，保证发电厂继电保护运行可靠性，保证电网安全稳定运行，特制定本标准。本标准依据国家和行业有关标准、规程和规范，以及中国华能集团公司所属发电厂的管理要求、结合国内外发电的新技术、监督经验制定。

本标准是中国华能集团公司所属发电厂继电保护技术监督工作的主要依据，是强制性企业标准。

本标准自实施之日起，代替 Q/HB-J-08.L15—2009《水力发电厂继电保护及安全自动装置监督技术标准》。

本标准由中国华能集团公司安全监督与生产部提出。

本办法由中国华能集团公司安全监督与生产部归口并解释。

本标准起草单位：西安热工研究院有限公司、中国华能集团公司安全监督与生产部、华能澜沧江水电股份有限公司、华能国际电力股份有限公司。

本标准主要起草人：杨博、马晋辉、曹浩军、黄献生、吴敏、杨敏照。

本标准审核单位：中国华能集团公司安全监督与生产部、中国华能集团公司基本建设部、华能澜沧江水电股份有限公司、北方联合电力有限责任公司、华能山东发电有限公司、华能黑龙江发电有限公司。

本标准主要审核人：赵贺、武春生、杜灿勋、晏新春、李俊、侯永军、刘兰海、汪强。

本标准审定：中国华能集团公司技术工作管理委员会。

本标准批准人：寇伟。

水力发电厂继电保护及安全自动装置监督标准

1 范围

本标准规定了中国华能集团公司（以下简称“集团公司”）所属水力发电厂继电保护及安全自动装置（以下简称“继电保护”）监督的基本原则、监督范围、监督内容和相关的技术管理要求。

本标准适用于集团公司水力发电厂的继电保护技术监督工作。

2 规范性引用文件

下列文件对于本文件的应用是必不可少的。凡是注日期的引用文件，仅注日期的版本适用于本文件。凡是不注日期的引用文件，其最新版本（包括所有的修改单）适用于本文件。

GB 1094.5 电力变压器 第5部分：承受短路的能力
GB/T 7261 继电保护和安全自动装置基本试验方法
GB/T 14285 继电保护和安全自动装置技术规程
GB/T 14598.301 微机型发电机变压器故障录波装置技术要求
GB/T 14598.303 数字式电动机综合保护装置通用技术条件
GB/T 15145 输电线路保护装置通用技术条件
GB/T 15544.1 三相交流系统短路电流计算 第1部分：电流计算
GB/T 19638.1 固定型阀控式铅酸蓄电池 第1部分：技术条件
GB/T 19638.2 固定型阀控式铅酸蓄电池 第2部分：产品品种和规格
GB/T 19826 电力工程直流电源设备通用技术条件及安全要求
GB 20840.2 互感器 第2部分：电流互感器的补充技术要求
GB/T 22386 电力系统暂态数据交换通用格式
GB/T 26862 电力系统同步相量测量装置检测规范
GB/T 26866 电力系统的时间同步系统检测规范
GB/T 50062 电力装置的继电保护和自动装置设计规范
GB 50171 电气装置安装工程 盘、柜及二次回路接线施工及验收规范
GB 50172 电气装置安装工程 蓄电池施工及验收规范
NB/T 35010 水力发电厂继电保护设计规范
DL/T 242 高压并联电抗器保护装置通用技术条件
DL/T 280 电力系统同步相量测量装置通用技术条件
DL/T 317 继电保护设备标准化设计规范
DL/T 478 继电保护和安全自动装置通用技术条件
DL/T 526 备用电源自动投入装置技术条件
DL/T 527 继电保护及控制装置电源模块（模件）技术条件
DL/T 540 气体继电器检验规程
DL/T 553 电力系统动态记录装置通用技术条件
DL/T 559 220kV～750kV 电网继电保护装置运行整定规程
DL/T 572 电力变压器运行规程
DL/T 584 3kV～110kV 电网继电保护装置运行整定规程

DL/T 587　微机继电保护装置运行管理规程
DL/T 623　电力系统继电保护及安全自动装置运行评价规程
DL/T 624　继电保护微机型试验装置技术条件
DL/T 667　远动设备及系统　第 5 部分：传输规约　第 103 篇：继电保护设备信息接口配套标准
DL/T 670　母线保护装置通用技术条件
DL/T 671　发电机–变压器组保护装置通用技术条件
DL/T 684　大型发电机变压器继电保护整定计算导则
DL/T 724　电力系统用蓄电池直流电源装置运行与维护技术规程
DL/T 744　电动机保护装置通用技术条件
DL/T 770　变压器保护装置通用技术条件
DL/T 860（所有部分）电力自动化通信网络和系统
DL/T 866　电流互感器和电压互感器选择及计算导则
DL/T 886　750kV 电力系统继电保护技术导则
DL/T 995　继电保护和电网安全自动装置检验规程
DL/T 1073　电厂厂用电源快速切换装置通用技术条件
DL/T 1075　数字式保护测控装置通用技术条件
DL/T 1100.1　电力系统的时间同步系统　第 1 部分：技术规范
DL/T 1153　继电保护测试仪校准规范
DL/T 1309　大型发电机组涉网保护技术规范
DL/T 5044　电力工程直流电源系统设计技术规程
DL/T 5132　水力发电厂二次接线设计规范
Q/HN-1-0000.08.002—2013　中国华能集团公司电力检修标准化管理实施导则（试行）
Q/HN-1-0000.08.049—2015　中国华能集团公司电力技术监督管理办法
Q/HB-G-08.L01—2009　华能电厂安全生产管理体系要求
Q/HB-G-08.L02—2009　华能电厂安全生产管理体系评价办法（试行）
电安生〔1994〕191 号　电力系统继电保护及安全自动装置反事故措施要点
国能安全〔2014〕161 号　防止电力生产事故的二十五项重点要求
华能安〔2011〕271 号　中国华能集团公司电力技术监督专责人员上岗资格管理办法（试行）

3　总则

3.1　继电保护监督是保证水力发电厂和电网安全稳定运行的重要基础工作，应坚持“安全第一、预防为主”的方针，实行全过程监督。

3.2　继电保护监督的目的是通过对继电保护全过程技术监督，确保继电保护装置可靠运行。规划设计阶段，应充分考虑继电保护的适应性，避免出现一次系统特殊接线方式造成继电保护配置及整定难度的增加。配置选型阶段，做到继电保护系统设计符合技术规程、设计规程和“反事故措施”要求，继电保护装置应符合继电保护技术要求和工程要求。安装调试阶段，应严格控制工程质量，保证工程建设与工程设计图实相符、调试项目齐全。验收投产阶段，应严把新设备投产验收关，严格履行工程建设资料移交手续。运行维护阶段，应加强继电保护定值整定计算与管理、软件版本管理、日常运行管理和运行分析评价管理；应严格执行检验规程要求，严格控制检验周期，推行继电保护现场标准化作业，严格履行现场安全措施票，确保现场作业安全。

3.3　本标准规定了水力发电厂继电保护在规划设计、配置选型、安装调试、验收投产、运行维护等阶段的技术监督要求，以及继电保护监督管理要求、评价与考核标准，它是水力发电厂继电保护监督工作的基础，亦是建立继电保护技术监督体系的依据。

3.4 各电厂应按照集团公司《华能电厂安全生产管理体系要求》《电力技术监督管理办法》中有关技术监督管理和本标准的要求，结合本厂的实际情况，制定电厂继电保护监督管理标准；依据国家和行业有关标准和规范，编制、执行运行规程、检修规程、检修文件包等相关/支持性文件；以科学、规范的监督管理，保证继电保护监督工作目标的实现和持续改进。

3.5 继电保护监督范围主要包括以下几方面：

a） 继电保护装置：发电机、变压器、母线、电抗器、电动机、电容器、线路（含电缆）、断路器、短引线等的保护装置及自动重合闸装置、过电压及远方跳闸装置。

b） 安全自动装置：厂用电源快速切换装置、备用电源自动投入装置、自动准同期装置及其他安全稳定控制装置。

c） 故障录波及测距装置、同步相量测量装置。

d） 继电保护通道设备、继电保护相关二次回路及设备。

e） 电力系统时间同步系统。

f） 直流电源系统。

3.6 从事继电保护监督的人员，应熟悉和掌握本标准及相关标准和规程中的规定。

4 监督技术标准

4.1 设计阶段监督

4.1.1 一般规定

4.1.1.1 继电保护设计阶段基本要求

4.1.1.1.1 继电保护设计中，装置选型、装置配置及其二次回路等的设计应符合 GB/T 14285、GB/T 14598.301、GB/T 14598.303、GB/T 15145、GB/T 22386 、NB/T 35010、DL/T 242、DL/T 280、DL/T 317、DL/T 478、DL/T 526、DL/T 527、DL/T 553、DL/T 667、DL/T 670、DL/T 671、DL/T 744、DL/T 770、DL/T 886、DL/T 1073、DL/T 1309、DL/T 5044、DL/T 5132、电安生〔1994〕191 号和国能安全〔2014〕161 号等相关标准要求。

4.1.1.1.2 在系统设计中，除新建部分外，还应包括对原有系统继电保护不符合要求部分的改造方案。

4.1.1.2 装置选型应满足的基本要求

4.1.1.2.1 应选用经电力行业认可的检测机构检测合格的微机型继电保护装置。

4.1.1.2.2 应优先选用原理成熟、技术先进、制造质量可靠，并在国内同等或更高的电压等级有成功运行经验的微机型继电保护装置。

4.1.1.2.3 选择微机型继电保护装置时，应充分考虑技术因素所占的比重。

4.1.1.2.4 选择微机型继电保护装置时，在集团公司及所在电网的运行业绩应作为重要的技术指标予以考虑。

4.1.1.2.5 同一厂站内同类型微机型继电保护装置宜选用同一型号，以利于运行人员操作、维护校验和备品备件的管理。

4.1.1.2.6 要充分考虑制造厂商的技术力量、质保体系和售后服务情况。

4.1.1.2.7 继电保护设备订货合同中的技术要求应明确微机型保护软件版本。制造厂商提供的微机型保护装置软件版本及说明书，应与订货合同中的技术要求一致。

4.1.1.2.8 微机型继电保护装置的新产品，应按国家规定的要求和程序进行检测或鉴定，合格后方可推广使用。检测报告应注明被检测微机型保护装置的软件版本、校验码和程序形成时间。

4.1.1.3 线路、变压器、电抗器、母线和母联保护的通用要求

4.1.1.3.1 220kV 及以上电压等级线路、变压器、高压并联电抗器、母线和母联（分段）及相关设备的保护装置的通用要求、保护配置及二次回路的通用要求、保护及辅助装置标号原则执行 DL/T 317 标准。

4.1.1.3.2 110kV 及以下电压等级线路、变压器、高压并联电抗器、母线和母联（分段）及相关设备的

保护装置的通用要求、保护配置及二次回路的通用要求、保护及辅助装置标号原则参照 DL/T 317 标准相关规定执行。

4.1.1.4 发电机、变压器组及厂用电系统保护的通用要求

发电机、变压器组及厂用电系统的保护装置的通用要求、保护配置及二次回路的通用要求、保护及辅助装置标号原则可参照 DL/T 317 标准相关规定执行。

4.1.1.5 继电保护双重化配置

4.1.1.5.1 电力系统重要设备的微机型继电保护均应按以下要求采用双重化配置，双套配置的每套保护均应含有完整的主、后备保护，能反应被保护设备的各种故障及异常状态，并能作用于跳闸或给出信号：

a） 100MW 及以上容量的发电机–变压器组电气量保护应采用双重化配置。600MW 及以上容量的发电机–变压器组除电气量保护采用双重化配置外，对非电气量保护也应根据主设备配套情况，有条件的可进行双重化配置。

b） 220kV 及以上电压等级发电厂的母线电气量保护应采用双重化配置。

c） 220kV 及以上电压等级线路、变压器、电抗器等设备电气量保护应采用双重化配置。

4.1.1.5.2 双重化配置的继电保护应满足以下基本要求：

a） 两套保护装置的交流电流应分别取自电流互感器（TA）互相独立的绕组，交流电压宜分别取自电压互感器（TV）互相独立的绕组。其保护范围应交叉重叠，避免死区。

b） 两套保护装置的直流电源应取自不同蓄电池组供电的直流母线段。

c） 两套保护装置的跳闸回路应与断路器的两个跳闸线圈分别一一对应。

d） 两套保护装置与其他保护、设备配合的回路应遵循相互独立的原则。

e） 每套完整、独立的保护装置应能处理可能发生的所有类型的故障。两套保护之间不应有任何电气联系，当一套保护退出时不应影响另一套保护的运行。

f） 线路纵联保护的通道（含光纤、微波、载波等通道及加工设备和供电电源等）、远方跳闸及就地判别装置应遵循相互独立的原则按双重化配置。

g） 有关断路器的选型应与保护双重化配置相适应，应具备双跳闸线圈机构。

h） 采用双重化配置的两套保护装置宜安装在各自保护柜内，并应充分考虑运行和检修时的安全性。

4.1.1.6 保护装置应具有的故障记录功能

保护装置应具有故障记录功能，以记录保护的动作过程，为分析保护动作行为提供详细、全面的数据信息，但不要求代替专用的故障录波器。保护装置故障记录应满足以下要求：

a） 记录内容应为故障时的输入模拟量和开关量、输出开关量、动作元件、动作时间、返回时间、相别。

b） 应能保证发生故障时不丢失故障记录信息。

c） 应能保证在装置直流电源消失时，不丢失已记录信息。

4.1.1.7 其他重点要求

4.1.1.7.1 保护装置应优先通过继电保护装置自身实现相关保护功能，尽可能减少外部输入量，以降低对相关回路和设备的依赖。

4.1.1.7.2 应优化回路设计，在确保可靠实现继电保护功能的前提下，尽可能减少屏（柜）内装置间以及屏（柜）间的连线。

4.1.1.7.3 制订保护配置方案时，对两种故障同时出现的稀有情况可仅保证切除故障。

4.1.1.7.4 保护装置在 TV 一、二次回路一相、二相或三相同时断线、失电压时，应发告警信号，并闭锁可能误动作的保护。

4.1.1.7.5 技术上无特殊要求及无特殊情况时，保护装置中的零序电流方向元件应采用自产零序电压，不应接入 TV 的开口三角电压。

4.1.1.7.6 保护装置在 TA 二次回路不正常或断线时，应发告警信号，除母线保护外，允许跳闸。

4.1.1.7.7 在各类保护装置接于 TA 二次绕组时，应考虑到既要消除保护死区，同时又要尽可能减轻 TA 本身故障时所产生的影响。对确实无法解决的保护动作死区，在满足系统稳定要求的前提下，可采取启动失灵和远方跳闸等后备措施加以解决。

4.1.1.7.8 电力设备或线路的保护装置，除预先规定的以外，都不应因系统振荡引起误动作。

4.1.1.7.9 双重化配置的保护，宜将被保护设备或线路的主保护（包括纵、横联保护等）及后备保护综合在一整套装置内，共用直流电源输入回路及交流 TV 和 TA 的二次回路。该装置应能反应被保护设备或线路的各种故障及异常状态，并动作于跳闸或给出信号。

4.1.1.7.10 对仅配置一套主保护的设备，应采用主保护与后备保护相互独立的装置。

4.1.1.7.11 保护装置应具有在线自动检测功能，包括保护硬件损坏、功能失效和二次回路异常运行状态的自动检测。自动检测应是在线自动检测，不应由外部手段启动；并应实现完善的检测，做到只要不告警，装置就处于正常工作状态，但应防止误告警。

4.1.1.7.12 除出口继电器外，装置内的任一元件损坏时，装置不应误动作跳闸，自动检测回路应能发出告警或装置异常信号，并给出有关信息指明损坏元件的所在部位，在最不利情况下应能将故障定位至模块（插件）。

4.1.1.7.13 保护装置的定值应满足保护功能的要求，应尽可能做到简单、易整定。

4.1.1.7.14 保护装置应以时间顺序记录的方式记录正常运行的操作信息，如开关变位、开入量输入变位、连接片切换、定值修改、定值区切换等，记录应保证充足的容量。

4.1.1.7.15 保护装置应能输出装置的自检信息及故障记录，后者应包括时间、动作事件报告、动作采样值数据报告、开入、开出和内部状态信息、定值报告等。装置应具有数字/图形输出功能及通用的输出接口。

4.1.1.7.16 保护装置应具有独立的 DC/DC 变换器供内部回路使用的电源。拉、合装置直流电源或直流电压缓慢下降及上升时，装置不应误动作。直流消失时，应有输出触点以启动告警信号。直流电源恢复（包括缓慢恢复）时，变换器应能自启动。

4.1.1.7.17 保护装置不应要求其交、直流输入回路外接抗干扰元件来满足有关电磁兼容标准的要求。

4.1.1.7.18 使用于 220kV 及以上电压的电力设备非电量保护应相对独立，并具有独立的跳闸出口回路。

4.1.1.7.19 继电器和保护装置的直流工作电压，应保证在外部电源为 80%～115%额定电压条件下可靠工作。

4.1.1.7.20 跳闸出口应能自保持，直至断路器断开。自保持宜由断路器的操作回路来实现。

4.1.1.7.21 大型发电机主保护配置方案宜进行定量化及优化设计。

4.1.1.7.22 保护跳闸出口连接片及与失灵回路相关连接片采用红色，功能连接片采用黄色，连接片底座及其他连接片采用浅驼色。

4.1.1.7.23 发电厂出线方式为一路出线或同杆并架双回线路，同时跳闸会造成母线出现零功率的发电厂应加零功率保护、功率突变或稳控装置。

4.1.1.7.24 电力设备和线路的原有继电保护装置，凡不能满足技术和运行要求的，应逐步进行改造。数字式继电保护装置的合理使用年限一般不低于 12 年，对于运行不稳定、工作环境恶劣的微机型继电保护装置可根据运行情况适当缩短使用年限。发电厂应根据设备合理使用年限，做好改造方案及计划工作。

4.1.1.7.25 继电器室环境条件应满足继电保护装置和控制装置的安全可靠要求。应考虑空调，必要的采暖和通风条件以满足设备运行的要求。要有良好的电磁屏蔽措施。同时应有良好的防尘、防潮、照明、防火、防小动物措施。

4.1.1.7.26 对于安装在断路器柜中 10kV～66kV 微机型继电保护装置，要求环境温度在-5℃～45℃范围内，最大相对湿度不应超过 95%。微机型继电保护装置室内最大相对湿度不应超过 75%，应防止灰尘和不良气体侵入。微机型继电保护装置室内环境温度应在 5℃～30℃范围内，若超过此范围应装设空调。

4.1.2 发电机保护设计阶段监督

4.1.2.1 一般要求

4.1.2.1.1 容量在 1000MW 级及以下的水轮发电机的保护配置应符合 GB/T 14285、NB/T 35010、DL/T 671、DL/T 1309 的相关要求。对下列故障及异常运行状态，应装设相应的保护。容量在 1000MW 级以上的发电机可参照执行：

a） 定子绕组相间短路。

b） 定子绕组接地。

c） 定子绕组匝间短路。

d） 发电机外部相间短路。

e） 定子绕组过电压。

f） 定子绕组过负荷。

g） 定子绕组分支断线。

h） 转子表层（负序）过负荷。

i） 励磁绕组过负荷。

j） 励磁回路接地。

k） 励磁电流异常下降或消失。

l） 定子铁芯过励磁。

m） 发电机逆功率。

n） 频率异常。

o） 失步。

p） 发电机突然加电压。

q） 发电机启、停机故障。

r） 水轮发电机调相运行时与系统解列。

s） 轴电流保护。

t） 其他故障和异常运行。

4.1.2.1.2 水力发电厂容量在 350MW 及以下的抽水蓄能发电机，应按照 NB/T 35010 的要求，根据发电电动机的特点和同步启动的要求装设下列保护（其他保护配置参照 4.1.2.1.1 执行）：

a） 逆功率保护。

b） 低功率保护。

c） 低频率保护。

d） 低频过电流保护。

e） 转子一点接地保护。

f） 失步保护。

g） 转子表层（负序）过负荷保护。

h） 电压相序保护。

i） 低电压保护。

j） 其他故障和异常运行。

4.1.2.2 配置监督重点

4.1.2.2.1 对发电机–变压器组，当发电机与变压器之间有断路器时，100MW 以下容量的发电机装设单独的纵联差动保护；对 100MW 及以上容量的发电机–变压器组，每一套主保护应具有发电机纵联差动保护和变压器纵联差动保护作为定子绕组相间短路、发电机外部相间短路的主保护。

4.1.2.2.2 对于定子绕组为星形接线，每相有并联分支且中性点有分支引出端子的发电机，应装设零序电流型横差保护和裂相横差保护，作为发电机内部匝间短路、定子绕组分支断线的主保护，保护应瞬时动作于停机。

4.1.2.2.3 200MW 及以上容量的发电机应装设启、停机保护，该保护在发电机正常运行时应可靠退出。

4.1.2.2.4 200MW 及以上容量发电机–变压器组的出口断路器应配置断口闪络保护，断口闪络保护出口延时选 0.1s～0.2s，机端有断路器的动作于机端断路器跳闸，机端没有断路器的动作于灭磁同时启动断路器失灵保护。

4.1.2.2.5 对 300MW 及以上容量的机组宜装设误上电保护。误上电保护的全阻抗特性整定和低频低压过流特性整定，其出口延时选 0.1s～0.2s，动作于全停。

4.1.2.2.6 200MW 及以上容量的发电机应装设失步保护。在短路故障、系统同步振荡、电压回路断线等情况下，保护不应误动作。通常保护动作于信号。当振荡中心在发电机–变压器组内部，失步运行时间超过整定值或电流振荡次数超过规定值时，保护动作于全停，并保证断路器断开时的电流不超过断路器允许开断电流。

4.1.2.2.7 对 300MW 及以上容量的发电机，发电机励磁回路一点接地、发电机运行频率异常、励磁电流异常下降或消失等异常运行方式，保护动作于停机，宜采用程序跳闸方式。采用程序跳闸方式，由逆功率继电器作为闭锁元件。

4.1.2.2.8 300MW 及以上容量的发电机，应装设过励磁保护。保护装置可装设由低定值和高定值两部分组成的定时限过励磁保护和反时限过励磁保护。

a） 定时限过励磁保护，低定值部分带时限动作于信号和降低励磁电流，高定值部分动作于程序跳闸。
b） 发电机组过励磁保护如果配置反时限保护，反时限保护应动作于程序跳闸。
c） 反时限的保护特性曲线应与发电机的允许过励磁能力相配合。
d） 过励磁保护长时间运行的定值不得低于 1.07 倍。

4.1.2.2.9 自并励发电机的励磁变压器宜采用电流速断保护作为主保护，过电流保护作为后备保护。

4.1.2.2.10 对调相运行的水轮发电机，在调相运行期间有可能失去电源时，应装设解列保护，保护装置带时限动作于停机。

4.1.2.2.11 抽水蓄能发电机组应根据其机组容量和接线方式装设与水轮发电机相当的保护，且应能满足发电机、调相机或电动机运行不同运行方式的要求，并可装设变频启动和发电机电制动停机需要的保护。

a） 差动保护应采用同一套差动保护装置能满足发电机和电动机两种不同运行方式的保护方案。
b） 应装设能满足发电机或电动机两种不同运行方式的定时限或反时限负序过电流保护。
c） 应根据机组额定容量装设逆功率保护，并应在切换到抽水运行方式时自动退出逆功率保护。
d） 应根据机组容量装设能满足发电机运行或电动机运行的失磁、失步保护。并由运行方式切换发电机运行或电动机运行方式下其保护的投退。
e） 变频启动时宜闭锁可能由谐波引起误动的各种保护，启动结束时应自动解除其闭锁。
f） 对发电机电制动停机，宜装设防止定子绕组端头短接接触不良的保护，保护可短延时动作于切断电制动励磁电流。电制动停机过程宜闭锁会发生误动的保护。

4.1.3 电力变压器保护设计阶段监督

4.1.3.1 一般要求

对升压、降压、联络变压器保护的设计，应符合 GB/T 14285、DL/T 317、DL/T 478、DL/T 572、DL/T 671、DL/T 684 和 DL/T 770 等标准的规定。对变压器下列故障及异常运行状态，应装设相应的保护：

a） 绕组及其引出线的相间短路和中性点直接接地或经小电阻接地侧的接地短路。
b） 绕组的匝间短路。
c） 外部相间短路引起的过电流。
d） 中性点直接接地或经小电阻接地电力网中外部接地短路引起的过电流及中性点过电压。
e） 过负荷。

f） 过励磁。

g） 中性点非有效接地侧的单相接地故障。

h） 油面降低。

i） 变压器油温、绕组温度过高及油箱压力过高和冷却系统故障。

j） 其他故障和异常运行。

4.1.3.2 配置监督重点

4.1.3.2.1 220kV 及以上电压等级变压器保护应配置双重化的主、后备保护一体变压器电气量保护和一套非电量保护。

4.1.3.2.2 330kV 及以上电压等级变压器保护的主保护应满足：

a） 配置纵差保护或分相差动保护。若仅配置分相差动保护，在低压侧有外附 TA 时，需配置不需整定的低压侧小区差动保护。

b） 为提高切除自耦变压器内部单相接地短路故障的可靠性，可配置由高中压和公共绕组 TA 构成的分侧差动保护。

c） 可配置不需整定的零序分量、负序分量或变化量等反映轻微故障的故障分量差动保护。

4.1.3.2.3 220kV 电压等级变压器保护的主保护应满足：

a） 配置纵差保护。

b） 可配置不需整定的零序分量、负序分量或变化量等反映轻微故障的故障分量差动保护。

4.1.3.2.4 变压器保护各侧 TA 应按以下原则接入：

a） 纵差保护应取各侧外附 TA 电流。

b） 330kV 及以上电压等级变压器的分相差动保护低压侧应取三角内部套管（绕组）TA 电流。

c） 330kV 及以上电压等级变压器的低压侧后备保护宜同时取外附 TA 电流和三角内部套管（绕组）TA 电流。两组电流由装置软件折算至以变压器低压侧额定电流为基准后共用电流定值和时间定值。

4.1.3.2.5 变压器非电气量保护不应启动失灵保护。变压器非电量保护应同时作用于断路器的两个跳闸线圈。未采用就地跳闸方式的变压器非电量保护应设置独立的电源回路（包括直流空气小断路器及其直流电源监视回路）和出口跳闸回路，且必须与电气量保护完全分开。当变压器采用就地跳闸方式时，应向监控系统发送动作信号。

4.1.3.2.6 在变压器低压侧未配置母线差动和失灵保护的情况下，为提高切除变压器低压侧母线故障的可靠性，宜在变压器的低压侧设置取自不同电流回路的两套电流保护。当短路电流大于变压器热稳定电流时，变压器保护切除故障的时间不宜大于 2s。

4.1.3.2.7 作用于跳闸的非电量保护，启动功率应大于 5W，动作电压在额定直流电源电压的 55%～70% 范围内，额定直流电源电压下动作时间为 10ms～35ms，加入 220V 工频交流电压不动作。

4.1.4 高压并联电抗器保护设计阶段监督

4.1.4.1 一般要求

对油浸式高压并联电抗器的保护配置，应符合 GB/T 14285、DL/T 242、DL/T 317 和 DL/T 572 相关要求。对下列故障及异常运行方式，应装设相应的保护：

a） 线圈的单相接地和匝间短路及其引出线的相间短路和单相接地短路。

b） 油面降低。

c） 油温度升高和冷却系统故障。

d） 过负荷。

e） 其他故障和异常运行。

4.1.4.2 配置监督重点

4.1.4.2.1 主保护

a） 主电抗器差动保护。

b） 主电抗器零序差动保护。

c） 主电抗器匝间保护。

4.1.4.2.2 主电抗器后备保护

a） 主电抗器过电流保护。

b） 主电抗器零序过电流保护。

c） 主电抗器过负荷保护。

4.1.4.2.3 中性点电抗器后备保护

a） 中性点电抗器过电流保护。

b） 中性点电抗器过负荷保护。

4.1.4.3 其他

a） 高压并联电抗器非电量保护包括主电抗器和中性点电抗器，主电抗器 A、B、C 相非电量分相开入，作用于跳闸的非电量保护三相共用一个功能连接片。

b） 作用于跳闸的非电量保护，启动功率应大于 5W，动作电压在额定直流电源电压的 55%～70%范围内，额定直流电源电压下动作时间为 10ms～35ms，加入 220V 工频交流电压不动作。

c） 重瓦斯保护作用于跳闸，其余非电量保护宜作用于信号。

4.1.5 母线保护设计阶段监督

4.1.5.1 一般要求

母线保护应符合 GB/T 14285、DL/T 317、DL/T 670 及当地电网相关要求，并满足以下重点要求：

a） 保护应能正确反应母线保护区内的各种类型故障，并动作于跳闸。

b） 对各种类型区外故障，母线保护不应由于短路电流中的非周期分量引起 TA 的暂态饱和而误动作。

c） 对构成环路的各类母线（如 3/2 断路器接线、双母线分段接线等），保护不应因母线故障时流出母线的短路电流影响而拒动。

d） 母线保护应能适应被保护母线的各种运行方式。

e） 双母线接线的母线保护，应设有电压闭锁元件。

f） 母线保护仅实现三相跳闸出口，且应允许接于本母线的断路器失灵保护共用其跳闸出口回路。

g） 母线保护动作后，除 3/2 断路器接线外，对不带分支且有纵联保护的线路，应采取措施，使对侧断路器能速动跳闸。

h） 母线保护应允许使用不同变比的 TA。

i） 当交流电流回路不正常或断线时应闭锁母线差动保护，并发出告警信号，对 3/2 断路器接线可以只发告警信号不闭锁母线差动保护。

4.1.5.2 配置监督重点

4.1.5.2.1 3/2 断路器接线方式每段母线应配置两套母线保护，每套母线保护应具有断路器失灵经母线保护跳闸功能，保护功能包括：

a） 差动保护。

b） 断路器失灵经母线保护跳闸。

c） TA 断线判别功能。

4.1.5.2.2 双母线接线方式配置双套含失灵保护功能的母线保护，每套线路保护及变压器保护各启动一套失灵保护。保护功能包括：

a） 差动保护。

b） 失灵保护。

c） 母联（分段）失灵保护。

d） 母联（分段）死区保护。

e） TA 断线判别功能。

f） TV 断线判别功能。

4.1.6 线路保护设计阶段监督

4.1.6.1 一般要求

4.1.6.1.1 线路保护配置及设计应符合 GB/T 14285、GB/T 15145、NB/T 35010、DL/T 317 及当地电网相关要求。

4.1.6.1.2 110kV 及以上电压线路的保护装置，应具有测量故障点距离的功能。故障测距的精度要求对金属性短路误差不大于线路全长的±3%。

4.1.6.1.3 220kV 及以上电压线路的保护装置，其振荡闭锁应满足如下要求：

a） 系统发生全相或非全相振荡，保护装置不应误动作跳闸。

b） 系统在全相或非全相振荡过程中，被保护线路如发生各种类型的不对称故障，保护装置应有选择性的动作跳闸，纵联保护仍应快速动作。

c） 系统在全相振荡过程中发生三相故障，故障线路的保护装置应可靠动作跳闸，并允许带短延时。

4.1.6.1.4 220kV 及以上电压线路（含联络线）的保护装置应满足以下要求：

a） 除具有全线速动的纵联保护功能外，还应至少具有三段式相间、接地距离保护，反时限和/或定时限零序方向电流保护的后备保护功能。

b） 对有监视的保护通道，在系统正常情况下，通道发生故障或出现异常情况时，应发出告警信号。

c） 能适用于弱电源情况。

d） 在交流失电压情况下，应具有在失电压情况下自动投入的后备保护功能，并允许不保证选择性。

e） 联络线应装设快速主保护，保护动作于断开联络线两端的断路器。220kV 及以上的联络线应装设双重化主保护。

f） 联络线可与其一端的电力设备共用纵联差动保护；但是当联络线为电缆或管道母线而且其连接线路时，需配置独立的 T 区保护，确保联络线内发生单相故障，应动作三跳，启动远跳，并可靠闭锁重合闸，而在线路故障时可靠不动作。

g） 当联络线两端电力设备的纵差保护范围均不包括联络线时，应装设单独的纵联差动保护。

h） 当联络线大于 600m 时，应装设单独的主保护，宜采用光纤纵联差动保护。

i） 对各类双断路器接线方式，当双断路器所连接的线路或元件退出运行而断路器之间仍连接运行时，应装设短引线保护以保护双断路器之间的连接线。

j） 联络线的每套保护应能对全线路内发生的各种类型故障均快速动作切除。对于要求实现单相重合闸的线路，在线路发生单相经高电阻接地故障时，应能正确选相并动作跳闸。

k） 对于远距离、重负荷线路及事故过负荷等情况，宜采用设置负荷电阻线或其他方法避免相间、接地距离保护的后备段保护误动作。

l） 应采取措施，防止由于零序功率方向元件的电压死区导致零序功率方向纵联保护拒动，但不宜采用过分降低零序动作电压的方法。

4.1.6.1.5 纵联距离（方向）保护装置中的零序功率方向元件应采用自产零序电压。纵联零序方向保护不应受零序电压大小的影响，在零序电压较低的情况下应保证方向元件的正确性；对于平行双回或多回有零序互感关联的线路发生接地故障时，应防止非故障线路零序方向保护误动作。

4.1.6.1.6 有独立选相跳闸功能的线路保护装置发出的跳闸命令，应能直接传送至相关断路器的分相跳闸执行回路。

4.1.6.2 配置监督重点

4.1.6.2.1 3/2 断路器接线方式

a） 线路、过电压及远方跳闸保护按以下原则配置：

1） 配置双重化的线路纵联保护，每套纵联保护应包含完整的主保护和后备保护。

2） 配置双重化的远方跳闸保护，采用“一取一”或 “二取二”经就地判别方式，当系统需要配置过电压保护时，过电压保护应集成在远方跳闸保护装置中。

b） 断路器保护及操作箱按以下原则配置：

1） 断路器保护按断路器配置。失灵保护、重合闸、充电过电流（2 段过电流+1 段零序电流）、三相不一致和死区保护等功能应集成在断路器保护装置中。

2） 配置双组跳闸线圈分相操作箱。

c） 短引线保护按以下原则配置：

配置双重化的短引线保护，每套保护应包含差动保护和过电流保护。

4.1.6.2.2 双母线接线方式

a） 配置双重化的线路纵联保护，每套纵联保护应包含完整的主保护和后备保护以及重合闸功能。

b） 当系统需要配置过电压保护时，配置双重化的过电压保护及远方跳闸保护，过电压保护应集成在远方跳闸保护装置中，远方跳闸保护采用“一取一”或“二取二”经就地判别方式。

c） 配置分相操作箱及电压切换箱。

4.1.6.2.3 自动重合闸

a） 使用于单相重合闸线路的保护装置，应具有在单相跳闸后至重合前的两相运行过程中，健全相再故障时快速动作三相跳闸的保护功能。

b） 用于重合闸检线路侧电压和检同期的电压元件，当不使用该电压元件时，TV 断线不应报警。

c） 检同期重合闸所采用的线路电压应该是自适应的，可自行选择任意相间或相电压。

d） 取消“重合闸方式转换开关”，自动重合闸仅设置“停用重合闸”功能连接片，重合闸方式通过控制字实现。

e） 单相重合闸、三相重合闸、禁止重合闸和停用重合闸应有而且只能有一项置“1”，如不满足此要求，保护装置报警并按停用重合闸处理。

f） 对 220kV 及以上电压等级的同杆并架双回线路，为了提高电力系统安全稳定运行水平，可采用按相自动重合闸方式。

4.1.7 断路器保护设计阶段监督

4.1.7.1 一般要求

断路器保护的设计应符合 GB/T 14285、DL/T 317 等的相关标准要求。

4.1.7.2 配置监督重点

4.1.7.2.1 220kV 及以上电压等级线路或电力设备的断路器失灵时应启动断路器失灵保护，并应满足以下要求：

a） 失灵保护的判别元件一般应为电流判别元件与保护跳闸触点组成“与门”逻辑关系。对于电流判别元件，线路、变压器支路应采用相电流、零序电流、负序电流组成“或门”逻辑关系。判别元件的动作时间和返回时间均不应大于 20ms，其返回系数也不宜低于 0.9。

b） 双母线接线变电站的断路器失灵保护在保护跳闸触点和电流判别元件同时动作时去解除复合电压闭锁，故障电流切断、保护收回跳闸命令后应重新闭锁断路器失灵保护。

c） 3/2 断路器接线的失灵保护应瞬时再次动作于本断路器的跳闸线圈跳闸，再经一时限动作于断开其他相邻断路器。

d） “线路–变压器”和“线路–发电机–变压器组”的线路和主设备电气量保护均应启动断路器失灵保护。当本侧断路器无法切除故障时，应采取启动远方跳闸等后备措施加以解决。

e） 变压器的断路器失灵时，除应跳开失灵断路器相邻的全部断路器外，还应跳开本变压器连接其他电源侧的断路器。

4.1.7.2.2 失灵保护装设闭锁元件的设计应满足以下原则要求：

a） 3/2 断路器接线的失灵保护不装设闭锁元件。

b） 有专用跳闸出口回路的单母线及双母线断路器失灵保护应装设闭锁元件。

c） 与母线差动保护共用跳闸出口回路的失灵保护不装设独立的闭锁元件，应共用母线差动保护的闭锁元件。

d） 发电机、变压器和高压电抗器断路器的失灵保护，为防止闭锁元件灵敏度不足应采取相应措施或不设闭锁回路。

e） 母联（分段）失灵保护、母联（分段）死区保护均应经电压闭锁元件控制。

f） 除发电机出口断路器保护外，断路器失灵保护判据中严禁设置断路器合闸位置闭锁触点或断路器三相不一致闭锁触点。

4.1.7.2.3 失灵保护动作跳闸应满足下列要求：

a） 对具有双跳闸线圈的相邻断路器，应同时动作于两组跳闸回路。

b） 对远方跳对侧断路器的，宜利用两个传输通道传送跳闸命令。

c） 保护动作时应闭锁重合闸。

d） 发电机–变压器组的断路器三相位置不一致保护应启动失灵保护。

e） 应充分考虑 TA 二次绕组合理分配，对确实无法解决的保护动作死区，在满足系统稳定要求的前提下，可采取启动失灵和远方跳闸等后备措施加以解决。

f） 断路器保护屏上不设失灵开入投（退）连接片，需要投（退）线路、变压器等保护的失灵启动回路时，通过投（退）线路、变压器等保护屏上各自的启动失灵连接片实现。

4.1.7.2.4 双母线接线的断路器失灵保护应满足以下要求：

a） 母线保护双重化配置时，断路器失灵保护应与母线差动共用出口，应采用母线保护装置内部的失灵电流判据。两套母线保护只接一套断路器失灵保护时，该母线保护出口应同时启动断路器的两个跳闸线圈。

b） 为解决主变压器低压侧故障时，按母线集中配置的断路器失灵保护中复压闭锁元件灵敏度不足的问题，主变压器支路应具备独立于失灵启动的解除复压闭锁的开入回路。“解除复压闭锁”开入长期存在时应告警。宜采用主变压器保护“动作触点”解除失灵保护的复压闭锁，不采用主变压器保护“各侧复合电压闭锁动作”触点解除失灵保护复压闭锁。启动失灵和解除失灵电压闭锁应采用主变压器保护不同继电器的跳闸触点。

c） 母线故障主变压器断路器失灵时，除应跳开失灵断路器相邻的全部断路器外，还应跳开本变压器连接其他电源侧的断路器，失灵电流再判别元件应由母线保护实现。

d） 为缩短失灵保护切除故障的时间，失灵保护跳其他断路器宜与失灵跳母联共用一段时限。

4.1.7.2.5 3/2 断路器主接线形式的断路器失灵保护应满足以下要求：

a） 设置线路保护三个分相跳闸开入，主变压器、线路保护（永久跳闸）共用一个三相跳闸开入。

b） 设置相电流元件，零、负序电流元件，发电机–变压器组单元设置低功率因数元件。TV 断线后退出低功率因数元件。保护装置内部设置“有无电流”的相电流判别元件，其最小电流门槛值应大于保护装置的最小精确工作电流（$0.05I_N$），作为判别分相操作断路器单相失灵的基本条件。

c） 失灵保护不设功能投/退连接片。

d） 三相不一致保护如需增加零、负序电流闭锁，其定值可以和失灵保护的零、负序电流定值相同，均按躲过最大负荷时的不平衡电流整定。

e） 线路保护分相跳闸开入和发电机–变压器组（线路保护永久跳闸）三相跳闸开入，失灵保护应采用不同的启动方式：

1） 任一分相跳闸触点开入后经电流突变量或零序电流启动并展宽后启动失灵。

2） 三相跳闸触点开入后不经电流突变量或零序电流启动失灵。

3） 失灵保护动作经母线差动保护出口时，应在母线差动保护装置中设置灵敏的、不需整定的电流元件，并带 20ms～50ms 的固定延时。

4.1.7.2.6 其他要求：

a） 断路器三相不一致保护功能应由断路器本体机构实现，断路器三相位置不一致保护的动作时间应与其他保护动作时间相配合。

b） 断路器防跳功能应由断路器本体机构实现，防跳继电器动作时间应与断路器动作时间配合。

c） 断路器的跳、合闸压力异常闭锁功能应由断路器本体机构实现。

d） 500kV 变压器低压侧断路器宜为双组跳闸线圈三相联动断路器。

4.1.8 故障记录及故障信息管理设计阶段监督

4.1.8.1 一般要求

4.1.8.1.1 100MW 及以上容量的发电机组、110kV 及以上升压站应装设专用故障录波装置。故障录波器设计应满足 GB/T 14285、GB/T 14598.301 相关要求。

4.1.8.1.2 发电厂应按机组配置故障录波装置。200MW 及以上容量的发电机–变压器组应配置专用故障录波器。

4.1.8.1.3 发电厂 110kV 及以上配电装置按电压等级配置故障录波装置。

4.1.8.1.4 启/备电源变压器、高压公用变压器可根据录波信息量与机组合用或单独设置。

4.1.8.1.5 并联电抗器可与相应的系统故障录波装置合用，也可单独设置。

4.1.8.1.6 故障录波装置的电流输入应接入 TA 的保护级线圈，可与保护装置共用一个二次绕组，接在保护装置之后。

4.1.8.2 配置监督重点

4.1.8.2.1 微机型发电机–变压器组故障录波装置的主要功能

a） 装置应具有非故障启动的、数据记录频率不小于 1kHz 的连续录波功能，能完整记录电力系统大面积故障、系统振荡、电压崩溃等事件的全部数据，数据存储时间不小于 7 天。

b） 装置应具有连续录波数据的扰动自动标记功能。当电网或发电机发生较大扰动时，装置能根据内置自动判据在连续录波数据上标记出扰动特征，以便于事件（扰动）提醒和数据检索。

c） 装置应有模拟量启动、开关量启动及手动启动方式，应具备外部启动触点的接入回路。

d） 装置应具有必要的信号指示灯及告警信号输出触点，装置应具有失电报警功能，并有不少于两副的触点输出。

e） 装置应具有自复位功能，当软件工作不正常时应能通过自复位等手段自动恢复正常工作，装置对自复位命令应进行记录。

f） 装置屏（柜）端子不应与装置弱电系统（指 CPU 的电源系统）有直接电气上的联系。针对不同回路，应分别采用光电耦合、带屏蔽层的变压器磁耦合等隔离措施。

g） 装置应有独立的内部时钟，每 24h 与标准时钟的误差不应超过±1s；应提供外部标准时钟（如北斗、GPS 时钟装置）的同步接口，与外部标准时钟同步后，装置与外部标准时钟的误差不应超过±1ms，以便于对反应同一事件的异地多端数据进行综合分析。

4.1.8.2.2 微机型发电机–变压器组故障录波装置记录量的配置

a） 交流电压量：用于记录发电厂的升压站母线电压、线路电压、发电机机端电压、高低压厂用母线电压、不停电电源输出电压等。

b） 交流电流量：用于记录发电厂的发电机机端电流、中性点各分支电流、励磁变压器高压侧电流、高压厂用变压器高压侧电流、线路电流、主变压器各侧电流、主变压器中心点/间隙电流及母联、旁路、分段等联络开关电流等。

c） 直流量：用于记录发电厂的直流控制电源的正极对地电压、负极对地电压、发电机转子电压/电流、主励磁机转子电压/电流等。

d） 开关量：用于记录发电厂继电保护及安全自动装置的跳闸/重合触点、开关辅助及其他重要触点等。

4.1.8.2.3　故障信息传送原则

a）全厂的故障信息，必须在时间上同步。在每一事件报告中应标定事件发生的时间。

b）传送的所有信息，均应采用标准规约。

4.1.8.2.4　微机型故障录波装置离线分析软件配置

离线分析软件应配有能运行于常用操作系统下的离线分析软件，可对装置记录的连续录波数据进行离线的综合分析。数据的综合分析功能应包括：

a）采用图形化界面。

b）录波数据应能快速检索、查询。

c）应具有编辑、漫游功能，提供波形的显示、迭加、组合、比较、剪辑、添加标注等分析工具，可选择性打印。

d）应具有谐波分析（不低于 7 次谐波）、序分量分析、矢量分析等功能，能将记录的电流、电压及导出的阻抗和各序分量形成相量图，并显示阻抗变化轨迹。

e）故障的计算分析，应能计算频率、有功功率、无功功率、功率因素、差流和阻抗等导出量，计算精度满足使用要求。

f）提供格式符合 GB/T 22386 规定的数据，以方便与其他故障分析设备交换数据。

4.1.9　电力系统同步相量测量装置设计阶段监督

4.1.9.1　一般要求

发电厂可按电力系统要求配置电力系统相量测量装置。装置应满足 GB/T 14285 和 DL/T 280 相关要求。

4.1.9.2　配置监督重点

4.1.9.2.1　同步相量测量装置应能够与多个调度端和其他子站系统通信，通信信号带有统一时标。

4.1.9.2.2　同步相量测量装置应具有与就地时间同步的对时接口，同步对时准确度为 1μs，就地对时时钟准确度满足不了要求时，可考虑同步相量测量装置设置专用的同步时钟系统。

4.1.9.2.3　同步相量测量装置独立组柜，可分散布置也可集中布置，发电厂和变电站相量测量装置应组网构成子站，统一上送测量信息。

4.1.9.2.4　同步相量测量装置的信息上传调度端可与调度自动化系统共用通道，也可采用独立通道。

4.1.10　电力系统时间同步系统设计阶段监督

4.1.10.1　一般要求

发电厂时间同步系统应符合 DL/T 317 和 DL/T 1100.1 的相关规定。发电厂应统一配置一套时间同步系统；单机容量 300MW 及以上的发电厂及有条件的场合宜采用主、备式时间同步系统，两台同步时钟一主一备，以提高时间同步系统的可靠性。

4.1.10.2　配置监督重点

4.1.10.2.1　时间同步系统宜单独组屏，便于设备扩展和校验。同步时钟应输出足够数量的不同类型时间同步信号。需要时可以增加分时钟以满足不同使用场合的需要。设备较集中且距离主时钟较远的场所可设分时钟，分时钟与主时钟对时。

4.1.10.2.2　当时间同步系统采用两路无线授时基准信号时，宜选用不同的授时源。

4.1.10.2.3　当时间同步系统通过以太网接口为不同安全防护等级的系统提供时间基准信号时，应符合相关安全防护规定的要求。

4.1.10.2.4　发电厂同步时钟系统主时钟可设在网控继电器室，也可设在发电厂的单元机组电子设备间内。

4.1.10.2.5　要求进行时间同步的设备应包括以下设备：

a）记录与时间有关信息的设备，如故障录波器、发电厂电气监控管理系统、发电厂网络监控系统、变电站计算机监控系统、调度自动化系统、自动电压控制（AVC）装置、保护信息管理系统等。

b） 微机型继电保护装置、安全自动装置等。

c） 有必要记录其作用时间的设备，如调度录音电话、行政电话交换网计费系统等。

d） 工作原理建立在时间同步基础上的设备，如同步相量测量装置、线路故障行波测距装置、雷电定位系统等。

e） 要求在同一时刻记录其采集数据的系统，如电能量计量系统等。

f） 监控系统。

g） 各类管理信息系统（MIS）。

h） 其他要求时间统一的装置。

4.1.10.2.6 发电厂设备时间同步技术要求可按照表 1 有关规定确定。

表 1 发电厂设备时间同步技术要求表

序号	设备名称	时间同步准确度	推荐使用的时间同步信号
1	安全自动装置	10ms	IRIG–B 或 1PPS/1PPM+串口对时报文
2	同步相量测量装置	1μs	IRIG–B 或 1PPS+串口对时报文
3	无功电压自动投切装置	10ms	IRIG–B 或 1PPS/1PPM+串口对时报文
4	线路行波故障测距装置	1μs	IRIG–B 或 1PPS+串口对时报文
5	微机型保护装置	10ms	IRIG–B 或 1PPS/1PPM+串口对时报文
6	故障录波器	1ms	
7	测控装置		
8	计算机监控后台系统	1s	网络对时 NTP 或串口对时报文
9	RTU/远动工作站	1ms	IRIG–B 或 1PPS/1PPM+串口对时报文
10	电能量计量终端	1s	网络对时 NTP 或串口对时报文
11	设备在线监测装置		
12	关口电能表		
13	继电保护管理子站		
14	图像监视系统		
15	监控系统		IRIG–B 或网络对时 NTP 或串口对时报文

4.1.11 继电保护通道设计阶段监督

4.1.11.1 一般要求

线路全线速动主保护的通道按照 GB/T 14285、DL/T 317 要求设置。

4.1.11.2 配置监督重点

4.1.11.2.1 双重化配置的线路纵联保护通道应相互独立，通道及接口设备的电源也应相互独立。

4.1.11.2.2 线路纵联保护优先采用光纤通道。当构成全线速动线路主保护的通信通道采用光纤通道，且线路长度不大于 50km 时，应优先采用独立光纤芯通道；50km 以上线路宜采用复用光纤，采用复用光纤时，优先采用 2Mbit/s 数字接口，还可分别使用独立的光端机。具有光纤迂回通道时，两套装置宜使用不同的光纤通道。

4.1.11.2.3 双回线路采用同型号纵联保护，或线路纵联保护采用双重化配置时，在回路设计和调试过程中应采取有效措施防止保护通道交叉使用。分相电流差动保护应采用同一路由收发、往返延时一致的通道。

4.1.11.2.4 对双回线路，若仅其中一回线路有光纤通道且按上述原则采用光纤通道传送信息外，另一回线路传送信息的通道宜采用下列方式：

a） 如同杆并架双回线，两套装置均采用光纤通道传送信息，并分别使用不同的光纤芯或 PCM 终端。

b） 如非同杆并架双回线，其一套装置采用另一回线路的光纤通道，另一套装置采用其他通道，如电力线载波、微波或光纤的其他迂回通道等。

4.1.11.2.5 一般情况下，一套线路纵联保护接入一个通信通道，有特殊要求的 500kV 线路纵联保护也可以采用双通道。

4.1.11.2.6 线路纵联电流差动保护通道的收发延时应相同。

4.1.11.2.7 双重化配置的远方跳闸保护，其通信通道应相互独立。线路纵联保护采用数字通道的，远方跳闸命令经线路纵联保护传输或采用独立于线路纵联保护的通道。

4.1.11.2.8 2Mbit/s 数字接口装置与通信设备采用 75Ω 同轴电缆不平衡方式连接。

4.1.11.2.9 安装在通信机房继电保护通信接口设备的直流电源应取自通信直流电源，并与所接入通信设备的直流电源相对应，采用–48V 电源，该电源的正端应连接至通道机房的接地铜排。

4.1.11.2.10 通信机房的接地网与主网有可靠连接时，继电保护通信接口设备至通信设备的同轴电缆的屏蔽层应两端接地。

4.1.11.2.11 传输信息的通道设备应满足传输时间、可靠性的要求。其传输时间应符合下列要求：

a） 传输线路纵联保护信息的数字式通道传输时间应不大于 12ms，点对点的数字式通道传输时间应不大于 5ms。

b） 传输线路纵联保护信息的模拟式通道传输时间，对允许式应不大于 15ms，对采用专用信号传输设备的闭锁式应不大于 5ms。

c） 系统安全稳定控制信息的通道传输时间应根据实际控制要求确定，原则上应尽可能的快。点对点传输时，传输时间要求应与线路纵联保护相同。

d） 信息传输接收装置在对侧发信信号消失后收信输出的返回时间应不大于通道传输时间。

4.1.12 直流电源、直流熔断器、直流断路器及相关回路设计阶段监督

4.1.12.1 一般要求

发电厂直流系统应符合 GB/T 14285、GB/T 19638.1、GB/T 19826 和 DL/T 5044 等规定。

4.1.12.2 配置监督重点

4.1.12.2.1 发电机组蓄电池组的配置应与其保护设置相适应。发电厂容量在 100MW 及以上的发电机组应配置两组蓄电池。

4.1.12.2.2 变电站直流系统配置应充分考虑设备检修时的冗余，330kV 及以上电压等级变电站及重要的 220kV 升压站应采用三台充电、浮充电装置，两组蓄电池组的供电方式。每组蓄电池和充电机应分别接于一段直流母线上，第三台充电装置（备用充电装置）可在两段母线之间切换，任一工作充电装置退出运行时，手动投入第三台充电装置。变电站直流电源供电质量应满足微机型保护运行要求。

4.1.12.2.3 发电厂的直流网络应采用辐射状供电方式，严禁采用环状供电方式。高压配电装置断路器电动机储能回路及隔离开关电动机电源如采用直流电源宜采用环形供电，间隔内采用辐射供电。

4.1.12.2.4 直流主屏宜布置在蓄电池室附近单独的电源室内或继电保护室内。充电设备宜与直流主屏同室布置。直流分电柜宜布置在相应负荷中心处。

4.1.12.2.5 直流系统的电缆应采用阻燃电缆，两组蓄电池的电缆应分别铺设在各自独立的通道内，尽量避免与交流电缆并排铺设，在穿越电缆竖井时，两组蓄电池电缆应加穿金属套管。

4.1.12.2.6 继电保护的直流电源，电压纹波系数应不大于 2%，最低电压不低于额定电压的 85%，最高电压不高于额定电压的 110%。

4.1.12.2.7 选用充电、浮充电装置，应满足稳压精度优于 0.5%、稳流精度优于 1%、输出电压纹波系数不大于 0.5%的技术要求。

4.1.12.2.8 新建或改造的发电厂，直流系统绝缘监测装置应具备交流窜直流故障的监测和报警功能。原有的直流系统绝缘监测装置应逐步进行改造，使其具备交流窜直流故障的监测和报警功能。

4.1.12.2.9 新、扩建或改造的变电站直流系统用断路器应采用具有自动脱扣功能的直流断路器，严禁使用普通交流断路器。直流断路器应具有速断保护和过电流保护功能，可带有辅助触点和报警触点。

4.1.12.2.10 直流回路采用熔断器作为保护电器时，应装设隔离电器，如刀开关，也可采用熔断器和刀开关合一的刀熔开关。

4.1.12.2.11 蓄电池出口回路熔断器应带有报警触点，其他回路熔断器，必要时可带有报警触点。

4.1.12.2.12 除蓄电池组出口总熔断器以外，逐步将现有运行的熔断器更换为直流专用断路器。当直流断路器与蓄电池组出口总熔断器配合时，应考虑动作特性的不同，对级差做适当调整。

4.1.12.2.13 对装置的直流熔断器或直流断路器及相关回路配置的基本要求应不出现寄生回路，并增强保护功能的冗余度。

4.1.12.2.14 由不同熔断器或直流断路器供电的两套保护装置的直流逻辑回路间不允许有任何电的联系。

4.1.12.2.15 对于采用近后备原则进行双重化配置的保护装置，每套保护装置应由不同的电源供电，并分别设有专用的直流熔断器或直流断路器。

4.1.12.2.16 采用远后备原则配置保护时，其所有保护装置，以及断路器操作回路等，可仅由一组直流熔断器或直流断路器供电。

4.1.12.2.17 母线保护、变压器差动保护、发电机差动保护、各种双断路器接线方式的线路保护等保护装置与每一断路器的操作回路应分别由专用的直流熔断器或直流断路器供电。

4.1.12.2.18 有两组跳闸线圈的断路器，其每一跳闸回路应分别由专用的直流熔断器或直流断路器供电。

4.1.12.2.19 单套配置的断路器失灵保护动作后应同时作用于断路器的两个跳闸线圈。如断路器只有一组跳闸线圈，失灵保护装置工作电源应与相对应的断路器操作电源取自不同的直流电源系统。

4.1.12.2.20 继电保护电源回路保护设备的配置，应符合下列规定：

a） 当一个安装单位只有一台断路器时，继电保护和自动装置可与控制回路共用一组熔断器或直流断路器。

b） 当一个安装单位有几台断路器时，该安装单位的保护和自动装置回路应设置单独的熔断器或直流断路器。各断路器控制回路熔断器或直流断路器可单独设置，也可接于公用保护回路熔断器或直流断路器之下。

c） 两个及以上安装单位的公用保护和自动装置回路，应设置单独的熔断器或直流断路器。

d） 发电机出口断路器及磁场断路器控制回路，可合用一组熔断器或直流断路器。

e） 电源回路的熔断器或直流断路器均应加以监视。

4.1.12.2.21 继电保护和自动装置信号回路保护设备的配置，应符合下列规定：

a） 继电保护和自动装置信号回路均应设置熔断器或直流断路器。

b） 公用信号回路应设置单独的熔断器或直流断路器。

c） 信号回路的熔断器或直流断路器应加以监视。

4.1.12.2.22 直流断路器的选择，应符合下列规定：

a） 额定电压应大于或等于回路的最高工作电压。

b） 额定电流应大于回路的最大工作电流。对于不同性质的负载，直流断路器的额定电流按照以下原则选择：

1） 蓄电池出口回路应按蓄电池 1h 放电率电流选择。并应按事故放电初期（1min）放电电流校验保护动作的安全性，且应与直流馈线回路保护电器相配合。

2） 断路器电磁操动机构的合闸回路，可按 0.3 额定合闸电流选择，但直流断路器过载脱扣时间应大于断路器固有合闸时间。

3） 直流电动机回路，可按电动机的额定电流选择。

c） 断流能力应满足直流系统短路电流的要求。

d） 各级断路器的保护动作电流和动作时间应满足选择性要求，考虑上、下级差的配合，且应有足够的灵敏系数。

4.1.12.2.23 熔断器的选择，应符合下列规定：

a） 额定电压应大于或等于回路的最高工作电压。

b） 额定电流应大于回路的最大工作电流。对于不同性质的负载，熔断器的额定电流按照以下原则选择：

1） 蓄电池出口回路应按蓄电池 1h 放电率电流选择，并应与直流馈线回路保护电器相配合。

2） 断路器电磁操动机构的合闸回路，可按 0.2～0.3 额定合闸电流选择，但熔断器的熔断时间应大于断路器固有合闸时间。

3） 直流电动机回路，可按电动机的额定电流选择。

c） 断流能力应满足直流系统短路电流的要求。

d） 应满足各级熔断器动作时间的选择性要求，同时要考虑上、下级差的配合。

4.1.12.2.24 上、下级直流熔断器或直流断路器之间及熔断器与直流断路器之间的选择性，应符合下列规定：

a） 各级熔断器的上、下级熔体之间（同一系列产品）额定电流值，应保证至少 2 级级差。

b） 蓄电池组总熔断器与分熔断器之间，应保证 3 级～4 级级差。

c） 各级直流断路器上、下级之间，应保证至少 4 级级差。

d） 熔断器装设在直流断路器上一级时，熔断器额定电流应为直流断路器额定电流的 2 倍及以上。

e） 直流断路器装设在熔断器上一级时，直流断路器额定电流应为熔断器额定电流的 4 倍及以上。

4.1.13 继电保护相关回路及设备设计阶段监督

4.1.13.1 一般要求

继电保护相关回路及设备的设计应符合 GB/T 14285、DL/T 317、DL/T 866 和国能安全〔2014〕161 等标准的相关要求。

4.1.13.2 二次回路

4.1.13.2.1 二次回路的工作电压不宜超过 250V，最高不应超过 500V。

4.1.13.2.2 互感器二次回路连接的负荷，不应超过继电保护工作准确等级所规定的负荷范围。

4.1.13.2.3 应采用铜芯的控制电缆和绝缘导线。在绝缘可能受到油侵蚀的地方，应采用耐油绝缘导线。

4.1.13.2.4 按机械强度要求，控制电缆或绝缘导线的芯线最小截面，强电控制回路，不应小于 $1.5mm^2$，屏、柜内导线的芯线截面应不小于 $1.0mm^2$；弱电控制回路，不应小于 $0.5mm^2$。电缆芯线截面的选择还应符合下列要求：

a） 电流回路：应使 TA 的工作准确等级符合继电保护的要求。无可靠依据时，可按断路器的断流容量确定最大短路电流。

b） 电压回路：当全部继电保护动作时，TV 到继电保护屏的电缆压降不应超过额定电压的 3%。

c） 操作回路：在最大负荷下，电源引出端到断路器分、合闸线圈的电压降，不应超过额定电压的 10%。

4.1.13.2.5 在同一根电缆中不宜有不同安装单元的电缆芯。对双重化保护的电流回路、电压回路、直流电源回路、双组跳闸绕组的控制回路等，两套系统不应合用一根多芯电缆。

4.1.13.2.6 保护和控制设备的直流电源、交流电流、电压及信号引入回路应采用屏蔽电缆。

4.1.13.2.7 发电厂重要设备和线路的继电保护和自动装置，应有经常监视操作电源的装置。各断路器的跳闸回路，重要设备和线路的断路器合闸回路，以及装有自动重合装置的断路器合闸回路，应装设回路完整性的监视装置。监视装置可发出光信号或声光信号，或通过自动化系统向远方传送信号。

4.1.13.2.8 在有振动的地方，应采取防止导线绝缘层磨损、接头松脱和继电器、装置误动作的措施。发电机本体 TA 的二次回路引线宜采用多股导线。每个接线端子每侧接线宜为 1 根，不得超过 2 根；对于插接式端子，不同截面的两根导线不得接在同一端子中；螺栓连接端子接两根导线时，中间应加平垫片。

4.1.13.2.9 屏、柜和屏、柜上设备的前面和后面，应有必要的标志。

4.1.13.2.10 气体继电器的重瓦斯保护两对触点应并联或分别引出到保护装置，禁止串联或只用一对触点引出。

4.1.13.2.11 在变压器和并联电抗器的气体继电器与中间端子盒之间的连线等绝缘可能受到油侵蚀的地方应采用防油绝缘导线。中间端子盒应具有防雨措施，盒内端子排应横向排列安装，气体继电器接入中间端子盒的连线应从端子排下侧进线接入端子，跳闸回路的端子与其他端子之间留出间隔端子并单独用一根电缆。中间端子盒的引出电缆应从端子排上侧连接。对单相变压器的气体继电器保护宜分相报警。变压器及并联电抗器瓦斯保护动作后应有自保持。未采用就地跳闸方式的变压器非电量保护应设置独立的电源回路（包括直流空气小断路器及其直流电源监视回路）和出口跳闸回路，且必须与电气量保护完全分开。如采用就地跳闸方式，非电量保护中就地部分的中间继电器由强电直流启动且应采用启动功率较大的中间继电器。

4.1.13.2.12 主设备非电量保护设施应防水、防振、防油、渗漏、密封性好，若有转接柜则要做好防水、防尘及防小动物等防护措施。变压器户外布置的压力释放阀、气体继电器和油流速动继电器应加装防雨罩。

4.1.13.2.13 交流端子与直流端子之间应加空端子，并保持一定距离，必要时加隔离措施。

4.1.13.2.14 发电机过励磁保护的电压量应采用线电压，不应采用相电压，以防发电机定子发生接地故障或 TV 二次回路发生异常，造成中性点电位抬高，导致过励磁保护误动作。

4.1.13.2.15 对于 3/2 接线方式，应防止在“和电流”的差动保护回路接线造成 TA 二次回路短接引起的保护误动。

4.1.13.2.16 TA 的二次回路不宜进行切换。当需要切换时，应采取防止开路的措施。

4.1.13.2.17 当几种仪表接在 TA 的一个二次绕组时，其接线顺序宜先接指示和积算式仪表，再接变送器，最后接入计算机监控系统。

4.1.13.2.18 当受条件限制，测量仪表和保护或自动装置共用 TA 的同一个二次绕组时，其接线顺序应先接保护装置，再接安全自动装置，最后接故障录波器和测量仪表。

4.1.13.2.19 继电保护用 TA 二次回路电缆截面的选择应保证互感器误差不超过规定值。计算条件应为系统最大运行方式下最不利的短路形式，并应计及 TA 二次绕组接线方式、电缆阻抗换算系数、继电器阻抗换算系数及接线端子接触电阻等因素。对系统最大运行方式如无可靠根据，可按断路器的断流容量确定最大短路电流。

4.1.13.3 TA 及 TV

4.1.13.3.1 保护用 TA 的要求

a） 保护用 TA 的准确性能应符合 DL/T 866 标准的有关规定。

b） TA 带实际二次负荷在稳态短路电流下的准确限值系数或励磁特性（含饱和拐点）应能满足所接保护装置动作可靠性的要求。

c） TA 在短路电流含有非周期分量的暂态过程中和存在剩磁的条件下，可能使其严重饱和而导致很大的暂态误差。在选择保护用 TA 时，应根据所用保护装置的特性和暂态饱和可能引起的后果等因素，慎重确定互感器暂态影响的对策。必要时应选择能适应暂态要求的 TP 类 TA，其特性应符合 GB 20840.2 标准的要求。如保护装置具有减轻互感器暂态饱和影响的功能，可按保护装置的要求选用适当的 TA：

1） 330kV 及以上系统保护、高压侧为 330kV 及以上的变压器和 300MW 及以上的发电机–变压器组差动保护用 TA 宜采用 TPY 类 TA。互感器在短路暂态过程中误差应不超过规定值。

2） 220kV 系统保护、高压侧为 220kV 的变压器和 100MW～200MW 级的发电机–变压器组差动保护用 TA 可采用 P 类、PR 类或 PX 类 TA。互感器可按稳态短路条件进行计算选择，为减轻可能发生的暂态饱和影响宜具有适当暂态系数。220kV 系统的暂态系数不宜低于 2，100MW～200MW 级机组外部故障的暂态系数不宜低于 10。

3） 110kV 及以下系统保护用 TA 可采用 P 类 TA。

4） 母线保护用 TA 可按保护装置的要求或按稳态短路条件选用。

d） 保护用 TA 的配置及二次绕组的分配应尽量避免主保护出现死区。按近后备原则配置的两套主保护应分别接入互感器的不同二次绕组。

e） 差动保护用 TA 的相关特性应一致。

f） 宜选用具有多次级的 TA。优先选用贯穿（倒置）式 TA。

4.1.13.3.2 保护用 TV 的要求

a） 保护用 TV 应能在电力系统故障时将一次电压准确传变至二次侧，传变误差及暂态响应应符合 DL/T 866 标准的有关规定。电磁式 TV 应避免出现铁磁谐振。

b） TV 的二次输出额定容量及实际负荷应在保证互感器准确等级的范围内。

c） 双断路器接线按近后备原则配备的两套主保护，应分别接入 TV 的不同二次绕组；对双母线接线按近后备原则配置的两套主保护，可以合用 TV 的同一二次绕组。

d） 在 TV 二次回路中，除开口三角线圈和另有规定者外，应装设自动断路器或熔断器。接有距离保护时，宜装设自动断路器。

e） 发电机出口和 6（10）kV 厂用电 TV 的一次侧熔断器熔体的额定电流均应为 0.5A。

4.1.13.4 断路器及隔离开关

4.1.13.4.1 断路器及隔离开关二次回路应满足 GB/T 14285 等标准的有关规定，应尽量附有防止跳跃的回路，采用串联自保持时，接入跳合闸回路的自保持线圈，其动作电流不应大于额定跳合闸电流的 50%，线圈压降小于额定值的 5%。

4.1.13.4.2 断路器应有足够数量、动作逻辑正确、接触可靠的辅助触点供保护装置使用。辅助触点与主触头的动作时间差不大于 10ms。

4.1.13.4.3 隔离开关应有足够数量、动作逻辑正确、接触可靠的辅助触点供保护装置使用。

4.1.13.4.4 断路器及隔离开关的闭锁回路并网信号及断路器跳闸回路等可能由于直流母线失电导致系统误判引发的停机或事故的辅助触点数量不足时，不允许用重动继电器扩充触点。

4.1.13.5 抗电磁干扰措施

4.1.13.5.1 根据升压站和一次设备安装的实际情况，宜敷设与发电厂主接地网紧密连接的等电位接地网。等电位接地网应满足 GB/T 14285 和国能安全〔2014〕161 号等标准的有关规定，满足以下要求：

a） 应在主控室、保护室、敷设二次电缆的沟道、开关场的就地端子箱及保护用结合滤波器等处，使用截面不小于 100mm² 的裸铜排（缆）敷设与主接地网紧密连接的等电位接地网。

b） 在主控室、保护室柜屏下层的电缆室内，按柜屏布置的方向敷设 100mm² 的专用铜排（缆），将该专用铜排（缆）首末端连接，形成保护室内的等电位接地网。保护室内的等电位网与厂主地网只能存在唯一的接地点，连接位置宜选在保护室外部电缆入口处。为保证连接可靠，连接线必须用至少 4 根以上、截面不小于 50mm² 的铜缆（排）构成共同接地点。

c） 静态保护和控制装置的屏（柜）下部应设有截面不小于 100mm² 的接地铜排。屏（柜）内装置的接地端子应用截面不小于 4mm² 的多股铜线和接地铜排相连。接地铜排应用截面不小于 50mm² 的铜缆与保护室内的等电位接地网相连。

d） 沿二次电缆的沟道敷设截面不少于 100mm² 的裸铜排（缆），构建室外的等电位接地网。

e） 分散布置的保护就地站、通信室与集控室之间，应使用截面不少于 100mm²、紧密与厂、站主接地网相连接的铜排（缆）将保护就地站与集控室的等电位接地网可靠连接。

f） 开关场的就地端子箱内应设置截面不少于 100mm² 的裸铜排，并使用截面不少于 100mm² 的铜缆与电缆沟道内的等电位接地网连接。

g） 保护及相关二次回路和高频收发信机的电缆屏蔽层应使用截面不小于 4mm² 多股铜质软导线可靠连接到等电位接地网的铜排上。

h） 在开关场的变压器、断路器、隔离开关、结合滤波器和 TA、TV 等设备的二次电缆应经金属管从一次设备的接线盒（箱）引至就地端子箱，并将金属管的上端与上述设备的底座和金属外壳良好焊接，下端就近与主接地网良好焊接。在就地端子箱处将这些二次电缆的屏蔽层使用截面不小于 4mm² 多股铜质软导线可靠单端连接至等电位接地网的铜排上。

i） 在干扰水平较高的场所，或是为取得必要的抗干扰效果，宜在敷设等电位接地网的基础上使用金属电缆托盘（架），并将各段电缆托盘（架）与等电位接地网紧密连接，并将不同用途的电缆分类、分层敷设在金属电缆托盘（架）中。

4.1.13.5.2 微机型继电保护装置所有二次回路的电缆应满足 GB/T 14285 和国能安全〔2014〕161 号等标准的有关规定，并使用屏蔽电缆，严禁使用电缆内的空线替代屏蔽层接地。二次回路电缆敷设应符合以下要求：

a） 合理规划二次电缆的路径，尽可能远离高压母线、避雷器和避雷针的接地点、并联电容器、电容式 TV、结合电容及电容式套管等设备。避免和减少迂回，缩短二次电缆的长度。与运行设备无关的电缆应予拆除。

b） 交流电流和交流电压回路、交流和直流回路、强电和弱电回路，以及来自开关场 TV 二次的四根引入线和 TV 开口三角绕组的两根引入线均应使用各自独立的电缆。

c） 双重化配置的保护装置、母线差动和断路器失灵等重要保护的启动和跳闸回路均应使用各自独立的电缆。

4.1.13.5.3 TV 二次绕组的接地应满足 GB/T 14285 和国能安全〔2014〕161 号等标准的有关规定，并符合下列规定：

a） TV 的二次回路只允许有一点接地。为保证接地可靠，各 TV 的中性点接地线中不应串接有可能断开的设备。

b） 对中性点直接接地系统，TV 星形接线的二次绕组采用中性点一点接地方式（中性线接地）。

c） 对中性点非直接接地系统，TV 星形接线的二次绕组宜采用中性点接地方式（中性线接地）。

d） 对 Vv 接线的 TV，宜采用 B 相一点接地，B 相接地线上不应串接有可能断开的设备。

e） TV 开口三角绕组的引出端之一应一点接地，接地引线上不应串接有可能断开的设备。

f） 几组 TV 二次绕组之间有电路联系或者地中电流会产生零序电压使保护误动作时，接地点应集中在继电器室内一点接地。无电路联系时，可分别在不同的继电器室或配电装置内接地。

g） 已在控制室或继电器室一点接地的 TV 二次绕组，宜在配电装置处经端子排将二次绕组中性点经放电间隙或氧化锌阀片接地。其击穿电压峰值应大于 $30I_{max}$ V（I_{max} 为电网接地故障时通过变电站的可能最大接地电流有效值，单位为 kA）。

4.1.13.5.4 TA 的二次回路应有且只能有一个接地点，宜在配电装置处经端子排接地。由几组 TA 绕组组合且有电路直接联系的回路，TA 二次回路应在“和”电流处经端子排一点接地。

4.1.13.5.5 经长电缆跳闸回路，宜采取增加出口继电器动作功率等措施，防止误动。所有涉及直接跳闸的重要回路应采用动作电压在额定直流电源电压的 55%～70%范围以内的中间继电器，并要求其动作功率不低于 5W。

4.1.13.5.6 针对来自系统操作、故障、直流接地等异常情况，应采取有效防误动措施，防止保护装置单一元件损坏可能引起的不正确动作。断路器失灵启动母线差动、变压器侧断路器失灵启动等重要回路宜采用双开入接口，必要时，还可增加双路重动继电器分别对双开入量进行重动。

4.1.13.5.7 遵守保护装置 24V 开入电源不出保护室的原则，以免引进干扰。

4.1.13.5.8 发电机转子大轴接地应配置两组并联的接地炭刷或铜辫，并通过 50mm² 以上铜线（排）与主地网可靠连接，以保证励磁回路接地保护稳定运行。

4.1.13.5.9　控制电缆应具有必要的屏蔽措施并妥善接地。

a）在电缆敷设时，应充分利用自然屏蔽物的屏蔽作用。必要时，可与保护用电缆平行设置专用屏蔽线。

b）屏蔽电缆的屏蔽层应在开关场和控制室内两端接地。在控制室内屏蔽层宜在保护屏上接于屏（柜）内的接地铜排，在开关场屏蔽层应在与高压设备有一定距离的端子箱接地。

c）电力线载波用同轴电缆屏蔽层应在两端分别接地，并紧靠同轴电缆敷设截面不小于 $100mm^2$ 两端接地的铜导线。

d）传送音频信号应采用屏蔽双绞线，其屏蔽层应在两端接地。

e）传送数字信号的保护与通信设备间的距离大于 50m 时，应采用光缆。

f）对于低频、低电平模拟信号的电缆，如热电偶用电缆，屏蔽层应在最不平衡端或电路本身接地处一点接地。

g）对于双层屏蔽电缆，内屏蔽应一端接地，外屏蔽应两端接地。

h）两点接地的屏蔽电缆宜采取相关措施，防止在暂态电流作用下屏蔽层被烧熔。

4.1.13.5.10　保护输入回路和电源回路应根据具体情况采用必要的减缓电磁干扰措施。

a）保护的输入、输出回路应使用空触点、光耦或隔离变压器等措施进行隔离。

b）直流电压在 110V 及以上的中间继电器应在线圈端子上并联电容或反向二极管作为消弧回路，在电容及二极管上都应串入数百欧的低值电阻，以防止电容或二极管短路时将中间继电器线圈短接。二极管反向击穿电压不宜低于 1000V。

4.1.13.5.11　装有电子装置的屏（柜）应设有供公用零电位基准点逻辑接地的总接地铜排。总接地铜排的截面不应小于 $100mm^2$。

a）当单个屏（柜）内部的多个装置的信号逻辑零电位点分别独立，并且不需引出装置小箱（浮空）或需与小箱壳体连接时，总接地铜排可不与屏体绝缘；各装置小箱的接地引线应分别与总接地铜排可靠连接。

b）当屏（柜）上多个装置组成一个系统时，屏（柜）内部各装置的逻辑接地点均应与装置小箱壳体绝缘，并分别引接至屏（柜）内总接地铜排。总接地铜排应与屏（柜）壳体绝缘。组成一个控制系统的多个屏（柜）组装在一起时，只应有一个屏（柜）的总接地铜排有引出地线连接至安全接地网。其他屏（柜）的绝缘总接地铜排均应分别用绝缘铜绞线接至有接地引出线的屏（柜）的绝缘总接地铜排上。

c）当采用没有隔离的 RS–232–C 从一个房间到另一个房间进行通信时，它们必须共用同一接地系统。如果不能将各建筑物中的电气系统都接到一个公共的接地系统时，则彼此的通信必须实现电气上的隔离，如采用隔离变压器、光隔离、隔离化的短程调制解调器。

d）零电位母线应仅在一点用绝缘铜绞线或电缆就近连接至接地干线上（如控制室夹层的环形接地母线上）。零电位母线与主接地网相连处不得靠近有可能产生较大故障电流和较大电气干扰的场所，如避雷器、高压隔离开关、旋转电动机附近及其接地点。

4.1.13.5.12　逻辑接地系统的接地线应符合下列规定：

a）逻辑接地线应采用绝缘铜绞线或电缆，不允许使用裸铜线，不允许与其他接地线混用。

b）零电位母线（铜排）至接地网之间连接线的截面不应小于 $35mm^2$，屏间零电位母线间的连接线的截面不应小于 $16mm^2$。

c）逻辑接地线与接地体的连接应采用焊接，不允许采用压接。

d）逻辑接地线的布线应尽可能短。

4.1.14　继电保护装置与监控自动化系统配合

4.1.14.1　一般要求

继电保护装置与计算机监控、ECMS 监控的配合应符合 GB/T 14285 等标准的相关要求。

4.1.14.2 微机型继电保护装置与厂站自动化系统的配合及接口

应用于厂站自动化系统中的微机型保护装置功能应相对独立，具有与厂自动化系统进行通信的接口，具体要求如下：

a） 微机型继电保护装置及其出口回路不应依赖于厂自动化系统，并能独立运行。
b） 微机型继电保护装置逻辑判断回路所需的各种输入量应直接接入保护装置，不宜经厂自动化系统及其通信网转接。
c） 微机型继电保护装置应具有 2 个及以上的通信接口，能满足同时与继电保护信息管理系统和监控系统通信的要求。

4.1.14.3 与微机型保护装置送出或接收的信息

与厂站自动化系统通信的微机型保护装置应能送出或接收以下类型的信息：

a） 装置的识别信息、安装位置信息。
b） 开关量输入（例如断路器位置、保护投入连接片等）。
c） 异常信号（包括装置本身的异常和外部回路的异常）。
d） 故障信息（故障记录、内部逻辑量的事件顺序记录）。
e） 模拟量测量值。
f） 装置的定值及定值区号。
g） 自动化系统的有关控制信息和断路器跳合闸命令、时钟对时命令等。

4.1.14.4 通信协议

微机型保护装置与发电厂自动化系统（继电保护信息管理系统）的通信协议应符合 DL/T 667 或 DL/T 860 等标准的规定。

4.1.15 厂用电继电保护设计阶段监督

4.1.15.1 一般要求

4.1.15.1.1 厂用电继电保护应符合 GB /T 14285、GB/T 50062、DL/T 744 和 DL/T 770 等标准的要求。

4.1.15.1.2 各类常用保护装置的灵敏系数不宜低于如下数值：

a） 纵联差动保护取 2。
b） 电流速断保护取 2（按保护安装处短路计算）。
c） 过电流保护取 1.5。
d） 动作于信号的单相接地保护取 1.2。
e） 动作于跳闸的单相接地保护取 1.5。

4.1.15.1.3 保护用 TA（包括中间 TA）的稳态误差不应大于 10%。当技术上难以满足要求，且不至于使保护装置不正确动作时，可允许较大的误差。小变比高动热稳定的 TA 应能保证馈线三相短路时保护可靠动作。差动保护回路不应与测量仪表合用 TA 的二次绕组。其他保护装置也不宜与测量仪表合用 TA 的二次绕组，若受条件限制需合用 TA 的二次绕组时，应按下列原则处理：

a） 保护装置应设置在仪表之前，以避免校验仪表时影响保护装置的工作。
b） 对于电流回路开路可能引起保护装置不正确动作，而又未装设有效的闭锁和监视时，仪表应经中间 TA 连接，当中间 TA 二次回路开路时，保护用 TA 的稳态比误差仍应不大于 10%。

4.1.15.1.4 保护和操作用继电器宜装设在高压成套断路器柜及低压配电屏上。

4.1.15.2 配置监督重点

4.1.15.2.1 中性点非直接接地的厂用电系统的单相接地保护

a） 高压厂用变压器电源侧的单相接地保护。
   1） 当厂用电源从母线上引接，且该母线为非直接接地系统时，如母线上的出线都装有单相接地保护，则厂用电源回路也应装设单相接地保护。保护装置的构成方式与该母线上出线的单相接地保护装置相同。

2） 当厂用电源从发电机出口引接时，单相接地保护由发电机–变压器组的保护来确定。

b） 高压厂用电系统的单相接地保护。

1） 不接地系统：

——当系统的单相接地电流在 10A 及以上时，厂用电动机回路的单相接地保护应瞬时动作于跳闸。

——当系统的单相接地电流在 15A 及以上时，其他馈线回路的单相接地保护也应动作于跳闸。

2） 高电阻接地系统（接地保护动作于信号）：

——当单相接地电流小于 15A 时，保护动作于信号。

——厂用电动机回路：当单相接地电流小于 10A 时，应装设接地故障检测装置。

——其他馈线回路：当单相接地电流小于 15A 时，单相接地保护动作于信号。

3） 低电阻接地系统（接地保护动作于跳闸）：

——厂用母线和厂用电源回路：单相接地保护宜由接于电源变压器中性点的电阻取得零序电流来实现，保护动作后带时限切除本回路断路器。

——厂用电动机及其他馈线回路：单相接地保护宜由安装在该回路上的零序 TA 取得零序电流来实现，保护动作后切除本回路的断路器。

c） 低压厂用电系统的单相接地保护。高电阻接地的低压厂用电系统，单相接地保护应利用中性点接地设备上产生的零序电压来实现，保护动作后应向值班地点发出接地信号。低压厂用中央母线上的馈线回路应装设接地故障检测装置。检测装置宜由反应零序电流的元件构成，动作于就地信号。

d） 为了保证单相接地保护动作的正确性，零序 TA 套装在电缆上时，应使电缆头至零序 TA 之间的一段金属外护层不能与大地相接触。此段电缆的固定应与大地绝缘，其金属外护层的接地线应穿过零序 TA 后接地，使金属外护层中的电流不致通过零序 TA。如回路中有 2 根及以上电缆并联，且每根电缆上分别装有零序 TA 时，则应将各零序 TA 的二次绕组串联后接至继电器。

4.1.15.2.2 高压厂用变压器的保护

a） 10MVA 及以上或带有公用负荷 6.3MVA 及以上变压器和 2MVA 及以上采用电流速断保护灵敏性不符合要求的变压器应配置纵联差动保护。

b） 10MVA 以下或带有公用负荷 6.3MVA 以下的变压器应装设电流速断保护。

c） 10（6）kV 进线（或分支）限时速断保护。

d） 具有单独油箱的带负荷调压的油浸式变压器的调压装置及 0.8MVA 及以上油浸式变压器和 0.4MVA 及以上室内油浸式变压器应装设瓦斯保护。

e） 过电流保护。

f） 单相接地保护。

g） 备用分支的过电流保护（如有备用分支）。

h） 零序电流保护。

4.1.15.2.3 低压厂用变压器的保护

a） 2MVA 及以上用电流速断保护灵敏性不符合要求的变压器应装设纵联差动保护。

b） 电流速断保护。

c） 800kVA 及以上的油浸变压器和 400kVA 及以上的室内油浸变压器应装设瓦斯保护。

d） 过电流保护。

e） 单相接地短路保护。

f） 单相接地保护。

g） 供电距离较远时应装设低压保护。

h） 温度保护。

4.1.15.2.4 **电压为 3kV 及以上的异步电动机和同步电动机的保护**

a） 电流速断保护。

b） 差动保护。

c） 负序电流保护。

d） 定子绕组过负荷保护。

e） 热过载保护。

f） 接地保护。

g） 低电压保护。

h） 堵转保护。

i） 同步电动机失磁保护。

j） 同步电动机失步保护。

k） 同步电动机非同步冲击保护。

4.1.15.2.5 **低压厂用电动机的保护**

a） 相间短路保护。

b） 单相接地短路保护。

c） 单相接地保护。

d） 过负荷保护。

e） 两相运行保护。

f） 低电压保护。

4.1.15.2.6 **厂用线路的保护**

a） 3kV～10kV 厂用线路应装设下列保护：

1） 相间短路保护。

2） 单相接地保护。

b） 6kV～35kV 厂用升压或隔离变压器线路组的保护：

1） 相间短路保护。

2） 瓦斯保护（800kVA 及以上油浸变压器）。

3） 单相接地保护。

c） 6kV～35kV 厂用线路上降压变压器（包括分支连接的降压变压器）的保护，宜采用高压跌落式熔断器作为降压变压器的相间短路保护。

d） 低压厂用线路应装设下列保护：

1） 相间短路保护。

2） 单相接地短路保护（低压厂用电系统中性点为直接接地时应装设本保护）。

3） 单相接地保护。

4.1.15.3 **备用电源自动投入装置**

备用电源自动投入装置（以下简称“备自投”）切换方式的设计应符合 GB/T 14285、DL/T 526、和 DL/T 1073 等标准的相关规定。其配置及功能应至少满足以下条件：

a） 在下列情况下，应配置备自投：

1） 具有备用电源的发电厂厂用电源。

2） 由双电源供电，其中一个电源经常断开作为备用的电源。

3） 有备用机组的某些重要辅机。

b） 备自投的主要功能应符合下列要求：

1） 在正常运行中需要切换厂用电时，应有双向切换功能。当工作电源和备用电源属于同一系统时宜选择并联切换方式。

2） 在电气事故或不正常运行（包括工作母线低电压和工作断路器偷跳）时应能自动切向备用电源，且只允许采用串联切换方式，在合备用电源断路器之前应确认工作电源断路器已经跳闸；在非电气事故需要切换厂用电时，允许采用同时切换方式。

3） 串联切换应同时开放快速切换、同相位切换及残压切换三种切换方式，在工作断路器跳闸瞬间满足快切条件时执行快速切换，如不满足切换条件，则执行同相位切换及残压切换。

4） 在并联切换中，应防止两电源长期并列形成环流，并列时间不宜超过 1s。

5） 当备用电源切换到故障母线上时，应具有启动后加速保护快速切除故障功能。

6） 在工作母线 TV 断线或备用电源降低时，应闭锁切换。

7） 当工作电源失电时，备自投只允许动作一次，需在相应的动作条件满足后才能允许下一次动作。

4.2 基建及验收阶段监督

4.2.1 基建及验收依据及基本要求

4.2.1.1 对于基建、更改工程，应以保证设计、调试和验收质量为前提，合理制定工期，严格执行相关技术标准、规程、规定和反事故措施，不得为赶工期减少调试项目，降低调试质量。

4.2.1.2 验收单位应制定详细的验收标准和合理的验收计划，确保验收质量。

4.2.1.3 对新安装的继电保护装置进行验收时，应以订货合同、技术协议、设计图和技术说明书及有关验收规范等规定为依据，按 GB 50171、GB 50172、DL/T 995 等标准及有关规程和规定进行调试，并按定值通知单进行整定。检验整定完毕，并经验收合格后方可允许投入运行。

4.2.1.4 在基建验收时，应按相关规程要求，检验线路和主设备的所有保护之间的相互配合关系，对线路纵联保护还应与线路对侧保护进行一一对应的联动试验，并有针对性的检查各套保护与跳闸连接片的唯一对应关系。

4.2.1.5 并网发电厂机组投入运行时，相关继电保护、自动装置和电力专用通信配套设施等应同时投入运行。

4.2.1.6 新建 110kV 及以上的电气设备参数，应按照有关基建工程验收规程的要求，在投入运行前进行实际测试。

4.2.1.7 对于基建、更改工程，应配置必要的继电保护试验设备和专用工具。

4.2.1.8 新设备投产时应认真编写保护启动方案，做好事故预想，确保设备故障时能被可靠切除。

4.2.1.9 新设备投入运行前，基建单位应按 GB 50171、GB 50172、DL/T 995 等验收规范的有关规定，与发电厂进行设计图、仪器仪表、调试专用工具、备品备件和试验报告等移交工作。

4.2.2 装置安装及其检查、检验的监督重点

4.2.2.1 新安装装置验收检验前应进行的准备工作

a） 了解设备的一次接线及投入运行后可能出现的运行方式和设备投入运行的方案，该方案应包括投入初期的临时继电保护方式。

b） 检查装置的原理接线图（设计图）及与之相符合的二次回路安装图、电缆敷设图、电缆编号图、断路器操动机构图、二次回路分线箱图及 TA、TV 端子箱图等全部图纸以及成套保护、自动装置的原理和技术说明书及断路器操动机构说明书，TA、TV 的出厂试验报告等。以上技术资料应齐全、正确。若新装置由基建部门负责调试，生产部门继电保护验收人员验收全套技术资料之后，再验收技术报告。

c） 根据设计图纸，到现场核对所有装置的安装位置及接线是否正确。

4.2.2.2 TA、TV 及其回路检查与验收监督重点

4.2.2.2.1 检查 TA、TV 的铭牌参数是否完整，出厂合格证及试验资料是否齐全，如缺乏上述数据时，应由有关制造厂或基建、生产单位的试验部门提供下列试验资料：

a） 所有绕组的极性。

b） 所有绕组及其抽头的变比。

c） TV 在各使用容量下的准确级。

d） TA 各绕组的准确级（级别）、容量及内部安装位置。

e） 二次绕组的直流电阻（各抽头）。

f） TA 各绕组的伏安特性。

4.2.2.2.2 TA、TV 检查。

a） TA、TV 的变比、容量、准确级必须符合设计要求。

b） 测试互感器各绕组间的极性关系，核对铭牌上的极性标志是否正确。检查互感器各次绕组的连接方式及其极性关系是否与设计符合，相别标识是否正确。

c） 有条件时，可自 TA 的一次分相通入电流，检查工作抽头的变比及回路是否正确（发电机–变压器组保护所使用的外附互感器、变压器套管互感器的极性与变比检验可在发电机做短路试验时进行）。

d） 自 TA 的二次端子箱处向负载端通入交流电流，测定回路的压降，计算电流回路每相与零相及相间的阻抗（二次回路负担）。将所测得的阻抗值按保护的具体工作条件和制造厂提供的出厂资料来验算是否符合互感器 10%误差的要求。

4.2.2.2.3 TA 二次回路检查。

a） 检查 TA 二次绕组所有二次接线的正确性及端子排引线螺钉压接的可靠性。

b） 检查电流二次回路的接地点与接地状况，TA 的二次回路必须只能有一点接地；由几组 TA 二次组合的电流回路，应在有直接电气连接处一点接地。

4.2.2.2.4 TV 二次回路检查。

a） 检查 TV 二次绕组的所有二次回路接线的正确性及端子排引线螺钉压接的可靠性。

b） 经控制室零相小母线（N600）连通的几组 TV 二次回路，只应在控制室将 N600 一点接地，各 TV 二次中性点在开关场的接地点应断开；为保证接地可靠，各 TV 的中性线不得接有可能断开的断路器或接触器等。独立的、与其他互感器二次回路没有直接电气联系的二次回路，可以在控制室也可以在开关场实现一点接地。来自 TV 二次回路的 4 根开关场引入线和互感器开口三角回路的 2（3）根开关场引入线必须分开，不得共用。

c） 检查 TV 二次中性点在开关场的金属氧化物避雷器的安装是否符合规定。

d） 检查 TV 二次回路中所有熔断器（自动断路器）的装设地点、熔断（脱扣）电流是否合适（自动断路器的脱扣电流需通过试验确定），质量是否良好，能否保证选择性，自动断路器线圈阻抗值是否合适。

e） 检查串联在电压回路中断路器、隔离开关及切换设备触点接触的可靠性。

f） 测量电压回路自互感器引出端子到配电屏电压母线的每相直流电阻，并计算 TV 在额定容量下的压降，其值不应超过额定电压的 3%。

4.2.2.3 二次回路检查与检验监督重点

4.2.2.3.1 二次回路绝缘检查。

在对二次回路进行绝缘检查前，必须确认被保护设备的断路器、TA 全部停电，交流电压回路已在电压切换把手或分线箱处与其他单元设备的回路断开，并与其他回路隔离完好后，才允许进行。从保护屏（柜）的端子排处将所有外部引入的回路及电缆全部断开，分别将电流、电压、直流控制、信号回路的所有端子各自连接在一起，用 1000V 绝缘电阻表测量回路的下列绝缘电阻，其阻值均应大于 10MΩ。

4.2.2.3.2 二次回路的验收检验。

a） 对回路的所有部件进行观察、清扫与必要的检修及调整。所述部件包括：与装置有关的操作把手、按钮、插头、灯座、位置指示继电器、中央信号装置及这些部件回路中端子排、电缆、熔断器等。

b） 利用导通法依次经过所有中间接线端子，检查由互感器引出端子箱到操作屏（柜）、保护屏（柜）、自动装置屏（柜）或至分线箱的电缆回路及电缆芯的标号，并检查电缆簿的填写是否正确。

c） 当设备新投入或接入新回路时，核对熔断器（或自动断路器）的额定电流是否与设计相符或与所接入的负荷相适应，并满足上下级之间的配合。

d） 检查屏（柜）上的设备及端子排内部、外部连线的标号应正确完整，接触牢靠，并利用导通法进行检验。且应与图纸和运行规程相符合，并检查电缆终端和沿电缆敷设路线上的电缆标牌是否正确完整，与相应的电缆编号相符，与设计相符。

e） 检验直流回路是否确实没有寄生回路存在。检验时应根据回路设计的具体情况，用分别断开回路的一些可能在运行中断开（如熔断器、指示灯等）的设备及使回路中某些触点闭合的方法来检验。每一套独立的装置，均应有专用于直接接到直流熔断器正负极电源的专用端子对，这一套保护的全部直流回路包括跳闸出口继电器的线圈回路，都必须且只能从这一对专用端子取得直流的正、负电源。

f） 信号回路及设备可不进行单独的检验。

4.2.2.3.3 断路器、隔离开关及其二次回路的检验。

a） 继电保护检验人员应了解掌握有关设备的技术性能及其调试结果，并负责检验自保护屏（柜）引至断路器（包括隔离开关）二次回路端子排处有关电缆线连接的正确性及螺钉压接的可靠性。

b） 断路器的跳闸线圈及合闸线圈的电气回路接线方式（包括防止断路器跳跃回路、三相不一致回路等措施）。

c） 与保护回路有关的辅助触点的开、闭情况，切换时间，构成方式及触点容量。

d） 断路器二次操作回路中的气压、液压及弹簧压力等监视回路的工作方式。

e） 断路器二次回路接线图。

f） 断路器跳闸及合闸线圈的电阻值及在额定电压下的跳、合闸电流。

g） 断路器跳闸电压及合闸电压，其值应满足相关规程的规定。

h） 断路器的跳闸时间、合闸时间以及合闸时三相触头不同时闭合的最大时间差，应不大于规定值。

4.2.2.4 屏（柜）及装置检查与检验监督重点

4.2.2.4.1 装置外观检查。

a） 检查装置的实际构成情况：装置的配置、型号、额定参数（直流电源额定电压、交流额定电流及电压等）是否与设计相符合。

b） 主辅设备的工艺质量、导线与端子采用材料等的质量。装置内部的所有焊接头、插件接触的牢靠性等属于制造工艺质量的问题，主要依靠制造厂负责保证产品质量。进行新安装装置的验收检验时，检验人员只做抽查。

c） 屏（柜）上的标志应正确且完整清晰，并与图纸和运行规程相符。

d） 检查安装在装置输入回路和电源回路的减缓电磁干扰器件和措施应符合相关标准和制造厂的技术要求。在装置检验的全过程，应将这些减缓电磁干扰器件和措施保持良好状态。

e） 应将保护屏（柜）上不参与正常运行的连接片取下，或采取其他防止误投的措施。

4.2.2.4.2 装置绝缘试验。

a） 按照装置技术说明书的要求拔出插件。在保护屏（柜）端子排内侧分别短接交流电压回路端子、交流电流回路端子、直流电源回路端子、跳闸和合闸回路端子、开关量输入回路端子、调度自动化系统接口回路端子及信号回路端子。

b） 断开与其他保护的弱电联系回路。

c） 将打印机与装置断开。

d） 装置内所有互感器的屏蔽层应可靠接地。在测量某一组回路对地绝缘电阻时，应将其他各组回路都接地。

e） 用 500V 绝缘电阻表测量绝缘电阻值，要求阻值均大于 20MΩ。测试后，应将各回路对地放电。

4.2.2.5 输入、输出回路检验监督重点

4.2.2.5.1 开关量输入回路检验。

a） 在保护屏（柜）端子排处，按照装置技术说明书规定的试验方法，对所有引入端子排的开关量输入回路依次加入激励量，观察装置的行为。

b） 按照装置技术说明书所规定的试验方法，分别接通、断开连接片及转动把手，观察装置的行为。

4.2.2.5.2 输出触点及输出信号检查。

在装置屏（柜）端子排处，按照装置技术说明书规定的试验方法，依次观察装置所有输出触点及输出信号的通断状态。

4.2.2.5.3 各电流、电压输入的幅值和相位精度检验。

按照装置技术说明书规定的试验方法，分别输入不同幅值和相位的电流、电压量，观察装置的采样值满足装置技术条件的规定。

4.2.2.6 整定值的整定及检验监督重点

应按照保护整定通知单上的整定项目，按照装置技术说明书或制造厂推荐的试验方法，对保护的每一功能元件进行逐一检验。

4.2.2.7 纵联保护通道检验监督重点

4.2.2.7.1 继电保护专用载波通道中的阻波器、结合滤波器、高频电缆等加工设备的试验项目与电力线载波通信规定的相一致。与通信合用通道的试验工作由通信部门负责，其通道的整组试验特性除满足通信本身要求外，也应满足继电保护安全运行的有关要求。

4.2.2.7.2 传输远方跳闸信号的通道，在新安装或更换设备后应测试其通道传输时间。采用允许式信号的纵联保护，除了测试通道传输时间，还应测试 “允许跳闸”信号的返回时间。

4.2.2.7.3 继电保护利用通信设备传送保护信息的通道（包括复用载波机及其通道），还应检查各端子排接线的正确性、可靠性，并检查继电保护装置与通信设备不应有直接电气连接。

4.2.2.8 操作箱检查与检验监督重点

4.2.2.8.1 进行每一项试验时，检验人员须准备详细的试验方案，尽量减少断路器的操作次数。

4.2.2.8.2 对分相操作断路器，应逐相传动防止断路器跳跃的每个回路。

4.2.2.8.3 对于操作箱中的出口继电器，还应进行动作电压范围的检验，确认其值在 55%～70%额定电压之间。对于其他逻辑回路的继电器，应满足 80%额定电压下可靠动作。

4.2.2.8.4 操作箱的检验以厂家调试说明书并结合现场情况进行。并重点检验下列元件及回路的正确性：

a） 防止断路器跳跃回路和三相不一致回路。

b） 如果使用断路器本体的防止断路器跳跃回路和三相不一致回路，则检查操作箱的相关回路是否满足运行要求。

c） 交流电压的切换回路。

d） 合闸回路、跳闸 1 回路及跳闸 2 回路的接线正确性，并保证各回路之间不存在寄生回路。

4.2.2.8.5 利用操作箱对断路器进行下列传动试验：

a） 断路器就地分闸、合闸传动。

b） 断路器远方分闸、合闸传动。

c） 防止断路器跳跃回路传动。

d） 断路器三相不一致回路传动。

e） 断路器操作闭锁功能检查。

f） 断路器操作油压或空气压力继电器、SF_6 密度继电器及弹簧压力等触点的检查，检查各级压力继电器触点输出是否正确，检查压力低闭锁合闸、闭锁重合闸、闭锁跳闸等功能是否正确。

g） 断路器辅助触点检查，远方、就地方式功能检查。

h） 在使用操作箱的防跳回路时，应检验串联接入跳合闸回路的自保持线圈，其动作电流不应大于额定跳合闸电流的 50%，线圈压降小于额定值的 5%。

i） 所有断路器信号检查。

4.2.2.9 整组试验监督重点

4.2.2.9.1 新安装装置的验收检验时，需要先进行每一套保护（指几种保护共用一组出口的保护总称）带模拟断路器（或带断路器及采用其他手段）的整组试验。每一套保护传动完成后，还需模拟各种故障，用所有保护带实际断路器进行整组试验。

4.2.2.9.2 整组试验应着重做如下检查：

a） 各套保护间的电压、电流回路的相别及极性是否一致。

b） 在同一类型的故障下，应该同时动作于发出跳闸脉冲的保护，在模拟短路故障中是否均能动作，其信号指示是否正确。

c） 有两个线圈以上的直流继电器的极性连接是否正确，对于用电流启动（或保持）的回路，其动作（或保持）性能是否可靠。

d） 所有相互间存在闭锁关系的回路，其性能是否与设计符合。

e） 所有在运行中需要由运行值班员操作的把手及连接片的连线、名称、位置标号是否正确，在运行过程中与这些设备有关的名称、使用条件是否一致。

f） 中央信号装置的动作及有关光字、音响信号指示是否正确。

g） 各套保护在直流电源正常及异常状态下（自端子排处断开其中一套保护的负电源等）是否存在寄生回路。

h） 断路器跳、合闸回路的可靠性，其中装设单相重合闸的线路，验证电压、电流、断路器回路相别的一致性及与断路器跳合闸回路相连的所有信号指示回路的正确性。对于有双组跳闸线圈的断路器，应检查两组跳闸线圈接线极性是否一致。

i） 自动重合闸是否能确实保证按规定的方式动作并保证不发生多次重合现象。

4.2.2.10 用一次电流及工作电压的检验监督重点

4.2.2.10.1 新安装或经更改的电流、电压回路，应直接利用工作电压检查电压二次回路，利用负荷电流检查电流二次回路接线的正确性。装置未经该检验，不能正式投入运行。在进行该项试验前，需完成下列工作：

a） 具有符合实际情况的图纸与装置的技术说明及现场使用说明。

b） 运行中需由运行值班员操作的连接片、电源开关、操作把手等的名称、用途、操作方法等应在现场使用说明中详细注明。

4.2.2.10.2 通过用一次电流和工作电压判定如下事项：

a） 对接入电流、电压的相互相位、极性有严格要求的装置（如带方向的电流保护、距离保护等），其相别、相位关系以及所保护的方向是否正确。

b） 电流差动保护（母线、发电机、变压器的差动保护、线路纵联差动保护及横差保护等）接到保护回路中的各组电流回路的相对极性关系及变比是否正确。

c） 利用相序滤过器构成的保护所接入的电流（电压）的相序是否正确、滤过器的调整是否合适。

d） 每组 TA（包括备用绕组）的接线是否正确，回路连线是否牢靠。

4.2.2.10.3 用一次电流与工作电压检验的项目包括：

a） 测量电压、电流的相位关系。

b） 对使用 TV 三次电压或零序 TA 电流的装置，应利用一次电流与工作电压向装置中的相应元件通入模拟的故障量或改变被检查元件的试验接线方式，以判明装置接线的正确性。由于整组试验中已判明同一回路中各保护元件间的相位关系是正确的，因此该项检验在同一回路中只须选取其中一个元件进行检验即可。

c) 测量电流差动保护各组 TA 的相位及差动回路中的差电流（或差电压），以判明差动回路接线的正确性及电流变比补偿回路的正确性。所有差动保护（母线、变压器、发电机的纵、横差等）在投入运行前，除测定相回路和差回路外，还必须测量各中性线的不平衡电流、电压，以保证装置和二次回路接线的正确性。

d) 检查相序滤过器不平衡输出的数值，应满足装置的技术条件。

e) 对高频相差保护、导引线保护，须进行所在线路两侧电流及电压相别、相位一致性的检验。

f) 对导引线保护，须以一次负荷电流判定导引线极性连接的正确性。

4.2.2.10.4 对变压器差动保护，需要用在全电压下投入变压器的方法检验保护能否躲开励磁涌流的影响。

4.2.2.10.5 对发电机差动保护，应在发电机投入前进行的短路试验过程中，测量差动回路的差电流，以判明电流回路极性的正确性。

4.2.2.10.6 对零序方向元件的电流及电压回路连接正确性的检验要求和方法，应由专门的检验规程规定。对使用非自产零序电压、电流的并联高压电抗器保护、变压器中性点保护等，在正常运行条件下无法利用一次电流、电压测试时，应与调度部门协调，创造条件进行利用工作电压检查电压二次回路，利用负荷电流检查电流二次回路接线的正确性。

4.2.2.10.7 对于新安装变压器，在变压器充电前，应将其差动保护投入使用，在一次设备运行正常且带负荷之后，再由检验人员利用负荷电流检查差动回路的正确性。

4.2.2.10.8 对用一次电流及工作电压进行的检验结果，必须按当时的负荷情况加以分析，拟订预期的检验结果，凡所得结果与预期的不一致时，应进行认真细致的分析，查找确实原因，不允许随意改动保护回路的接线。

4.2.2.11 其他检验

4.2.2.11.1 蓄电池施工及验收执行 GB 50172 标准。直流电源屏和蓄电池的检查根据订货合同的技术协议，重点对直流电源屏（包括充电机屏和馈电屏）中设备的型号、数量、软件版本以及设备制造单位进行检查。对高频开关电源模块、监控单元、硅降压回路、绝缘监察装置、蓄电池管理单元、熔断器、隔离开关、直流断路器、避雷器等设备进行检查。对蓄电池组的型号、容量、蓄电池组电压、单体蓄电池电压、蓄电池个数以及设备制造单位等进行检查。

4.2.2.11.2 机组并网前，应做好核相及假同期试验等工作。

4.2.2.11.3 发电机在进相运行前，应仔细检查和校核发电机失磁保护的测量原理、整定范围和动作特性，防止发电机进相运行时发生误动行为。

4.2.2.11.4 新安装的气体继电器必须经校验合格后方可使用。气体继电器应在真空注油完毕后再安装。瓦斯保护投运前必须对信号、跳闸回路进行保护试验。

4.2.3 竣工验收资料应满足的要求

a) 电气设备及线路有关实测参数完整正确。

b) 全部保护装置竣工图纸符合实际。

c) 装置定值符合整定通知单要求。

d) 检验项目及结果符合检验规程的规定。

e) 核对 TA 变比、伏安特性及 10%误差，其二次负荷满足误差要求。

f) 检查屏前、后的设备整齐、完好，回路绝缘良好，标志齐全、正确。

g) 检查二次电缆绝缘良好，标号齐全、正确。

h) 相量测试报告齐全。

i) 用一次负荷电流和工作电压进行验收试验，判断互感器极性、变比及其回路的正确性，判断方向、差动、距离、高频等保护装置有关元件及接线的正确性。

j） 调试单位提供的继电保护试验报告齐全。

4.2.4 微机型继电保护装置投运时应具备的技术文件

a） 竣工原理图、安装图、设计说明、电缆清册等设计资料。

b） 制造厂商提供的装置说明书、保护屏（柜）电原理图、装置电原理图、故障检测手册、合格证明和出厂试验报告等技术文件。

c） 新安装检验报告和验收报告。

d） 微机型继电保护装置定值通知单。

e） 制造厂商提供的软件逻辑框图和有效软件版本说明。

f） 微机型继电保护装置的专用检验规程或制造厂商保护装置调试大纲。

4.3 运行阶段监督

4.3.1 定值整定计算与管理

4.3.1.1 继电保护整定计算原则

4.3.1.1.1 继电保护短路电流应按照 GB/T 15544.1 标准进行计算。发电机、变压器保护应按照 DL/T 684 和 DL/T 1309 等标准要求进行整定，220kV～750kV 电网继电保护应按照 DL/T 559 等标准要求进行整定，3kV～110kV 电网继电保护应按照 DL/T 584 等标准要求进行整定。定值整定完成后应组织专家审核后使用，并根据所在电网定期提供的系统阻抗值及时校核。

4.3.1.1.2 发电厂继电保护定值整定中，在考虑兼顾“可靠性、选择性、灵敏性、速动性”时，应按照“保人身、保设备及保电网”的原则进行整定。

4.3.1.1.3 发电厂继电保护定值整定中，当灵敏性与选择性难以兼顾时，应首先考虑以保灵敏度为主，防止保护拒动。

4.3.1.1.4 发电厂应根据相关继电保护整定计算规定、电网运行情况及主设备技术条件，校核涉网的保护定值，并根据调度部门的要求，做好每年度对所辖设备的整定值进行校核工作。当电网结构、线路参数和短路电流水平发生变化时，应及时校核相关涉网保护的配置与整定，避免保护发生不正确动作行为。为防止发生网源协调事故，并网发电厂大型发电机组涉网保护装置的技术性能和参数应满足所接入电网要求。

4.3.1.1.5 并网发电厂发电机组配置的频率异常、低励限制、定子过电压、定子低电压、失磁、失步、过励磁、过励限制及保护、重要辅机保护等涉网保护定值应满足电力系统安全稳定运行的要求。其配置及定值配合应按照 DL/T 1309 及当地电网相关要求进行。

4.3.1.1.6 大型发电机组涉网保护的定值应在当地调度部门备案，备案应至少包括下列内容：

a） 失磁保护、低励限制定值。

b） 失步保护定值。

c） 低频保护、过频保护定值。

d） 过励磁保护定值。

e） 定子低电压、过电压保护定值。

f） 过励限制及保护、转子绕组过负荷保护定值。

4.3.1.1.7 发电机–变压器组保护定值设置。在对发电机–变压器组保护进行整定计算时应注意以下原则：

a） 在整定计算大型机组高频、低频、过电压和欠电压保护时应分别根据发电机组在并网前、后的不同运行工况和制造厂提供的发电机组的特性曲线进行。

b） 在整定计算发电机–变压器组的过励磁保护时应全面考虑主变压器及高压厂用变压器的过励磁能力，并按调节器过励限制首先动作，其次是发电机–变压器组过励磁保护动作，然后再是发电机转子过负荷动作的阶梯关系进行。

c） 励磁调节器中的低励限制应与失磁保护协调配合，遵循低励限制灵敏度高于失磁保护的原则，低励限制线应与静稳极限边界配合，且留有一定裕度。

d） 整定计算发电机定子接地保护时应根据发电机在带不同负荷的运行工况下实测基波零序电压和三次谐波电压的实测值数据进行。

e） 整定计算发电机–变压器组负序电流保护应根据制造厂提供的对称过负荷和负序电流的 $I_r^2 t$ 值进行。

f） 整定计算发电机、变压器的差动保护时，在保护正确、可靠动作的前提下，不宜整定过于灵敏，以避免不正确动作。

g） 发电机组失磁保护中静稳极限阻抗应基于系统最小运行方式的电抗值进行校核。

4.3.1.1.8 变压器非电量保护设置。在对变压器非电量保护进行整定计算时应注意以下原则：

a） 国产变压器无特殊要求时，油温、绕组温度过高和压力释放保护出口方式宜设置动作于信号。

b） 重瓦斯保护出口方式应设置动作于跳闸。

c） 轻瓦斯保护出口方式应设置动作于信号。

d） 国产强迫油循环风冷变压器，应安装冷却器故障保护。当冷却器系统全停时，应按要求整定出口跳闸。强迫油循环的变压器冷却器全停保护应设置为冷却器全停+顶层温度超限（75℃）+延时 20min 动作于跳闸和冷却器全停+延时 60min 动作于跳闸。

e） 油浸（自然循环）风冷和干式风冷变压器，风扇停止工作时，允许的负载和工作时间应按照制造厂规定。油浸风冷变压器当冷却系统部分故障停风扇后，顶层油温不超过 65℃时允许带额定负载运行，保护应设置动作于信号。

f） 冷却器全停时除以上保护动作外，还应在数秒之内发“冷却器全停”信号。

g） 进口变压器的非电量保护动作出口方式可根据制造厂产品说明书要求进行设置。

4.3.1.1.9 对于 300MW 及以上大型发电机的转子接地保护应采用两段式转子一点接地保护方式，一段报信，二段跳闸。二段保护宜动作于程序跳闸。定值按照 DL/T 684 相关要求进行整定。

4.3.1.1.10 200MW 及以上容量发电机定子接地保护宜将基波零序保护与三次谐波电压保护的出口分开，基波零序保护投跳闸，三次谐波保护投信号。定子接地保护也可采用注入式保护方式。

4.3.1.1.11 为了保证高压厂用变压器的动稳定能力，所有高压厂用变压器出线（或分支）侧应结合 GB 1094.5 要求设置定时速断保护，对于容量在 2500kVA 及以下变压器，延时设置不大于 0.5s；对于容量在 2500kVA 以上变压器，延时设置不大于 0.25s。对于各支路馈线速断保护则应设置即时动作。使分支与各馈线支路的速断保护有一定的时差，保证馈线支路短路时分支保护不会误动。

4.3.1.1.12 中压 F-C 真空接触器的保护配置，除过电流保护延时与熔断器的安—秒特性曲线配合外，还应配置大电流闭锁功能。

4.3.1.1.13 低压主配电屏进线断路器保护整定值应与厂用变压器高压保护配合，避免低压侧故障时造成越级跳闸。

4.3.1.1.14 水轮发电机转子过电流限制应能承受 2 倍额定励磁电流，其中空气冷却的水轮发电机持续时间不少于 50s。水直接冷却或加强空气冷却的水轮发电机持续时间不少于 20s。

4.3.1.1.15 为防止水轮机出现超速，继电保护动作的出口方式不应选用解列灭磁方式。

4.3.1.2 定值通知单管理

4.3.1.2.1 对涉网保护定值通知单应按如下规定执行：

a） 涉网设备的保护定值按网调、省调等继电保护主管部门下发的继电保护定值单执行。运行单位接到定值通知单后，应在限定日期内执行完毕，并在继电保护记事簿上写出书面交代，将“定值单回执”寄回发定值通知单单位。对网、省调下发的继电保护定值单，原件由继电保护专业部门（班组）留存，给其他部门的定值单可用复印件。

b） 定值变更后，由现场运行人员与上级调度人员按调度运行规程的相关规定核对无误后方可投入运行。调度人员和现场运行人员应在各自的定值通知单上签字和注明执行时间。

c） 旁路代送线路：

1） 旁路保护各段定值与被代送线路保护各段定值应相同。

2） 旁路断路器的微机型保护型号与线路微机型保护型号相同且两者 TA 变比亦相同，旁路断路器代送该线路时，使用该线路本身型号相同的保护定值，否则，使用旁路断路器专用于代送线路的保护定值。

4.3.1.2.2 发电厂继电保护专业人员负责本厂调度的继电保护设备的整定计算和现场实施。继电保护专业编制的定值通知单上由计算人、复算人、审核人、批准人签字并加盖“继电保护专用章”方能有效。

4.3.1.2.3 定值通知单一式四份，应分别发给责任部门（班组）、运行部门、厂技术主管部门和档案室。运行部门现场应配置保护定值本，并根据定值的更改情况及时进行定值单的变更。报批时定值单可以只有一份，原件责任部门（班组）留存，其他部门可用复印件。

4.3.1.2.4 定值通知单应按年度统一编号，注明所保护设备的简明参数、相应的执行元件或定值设定名称、保护是否投入跳闸及信号等。此外还应注明签发日期、限定执行日期、定值更改原因和作废的定值通知单号等。

4.3.1.2.5 新的定值通知单下发到相应部门执行完毕后应由执行人员和运行人员签字确认，注明执行日期，同时撤下原作废定值单。如原作废定值单无法撤下，则应在无效的定值通知单上加盖“作废”章。执行完毕的定值通知单应反馈至责任部门（班组）统一管理。

4.3.1.2.6 继电保护责任部门（班组）应有继电保护定值变更记录本，详细记录继电保护定值变更情况。

4.3.1.2.7 做好继电保护定检期间定值管理工作，现场定检后要进行三核对，核对检验报告与定值单一致、核对定值单与设备设定值一致、核对设备参数设定值符合现场实际。

4.3.1.2.8 66kV 及以上系统微机型继电保护装置整定计算所需的电力主设备及线路的参数，应使用实测参数值。新投运的电力主设备及线路的实测参数应于投运前 1 个月，由运行单位统一归口提交负责整定计算的继电保护部门。

4.3.2 软件版本管理

4.3.2.1 微机型保护软件必须经部级及以上质检中心检测合格方可入网运行。发电厂应每年与继电保护管理部门沟通及时获取经发布允许入网的微机型保护型号及软件版本。微机型保护装置的各种保护功能软件（含可编程逻辑）均须有软件版本号、校验码和程序生成时间等完整软件版本信息（统称软件版本）。

4.3.2.2 继电保护设备技术合同中应明确微机型保护软件版本。在设备出厂验收时需核对保护厂家提供的微机型保护软件版本及保护说明书，确认其与技术合同要求一致；在保护设备投入运行前，对微机型保护软件版本进行核对，核对结果备案，需报当地电网的还需将核对结果报调度部门。同一线路两侧的微机型线路保护软件版本应保持一致。

4.3.2.3 微机型保护软件变动较大时，应要求制造厂进行检测，检测合格而且经现场试验验证后方可投入运行。

4.3.2.4 对于涉网的微机型保护软件升级，发电厂应在下列情况下及时提出，由装置制造厂家向相应调度提出书面申请，经调度审批后方可进行保护软件升级：

a） 保护装置在运行中由于软件缺陷导致不正确动作。

b） 试验证明保护装置存在影响保护功能的软件缺陷。

c） 制造厂家为提高保护装置的性能，需要对软件进行改进。

4.3.2.5 运行或即将投入运行的微机型继电保护装置的内部逻辑不得随意更改。未经相应继电保护运行管理部门同意，不得进行继电保护装置软件升级工作。

4.3.2.6 微机型继电保护装置投产 1 周内，运行维护单位应将继电保护软件版本与定值回执单同时报定值单下发单位。

4.3.2.7 认真做好微机型保护装置等设备软件版本的管理工作，特别注重计算机安全问题，防止因各类计算机病毒危及设备而造成保护装置不正确动作和误整定、误试验等事件的发生。

4.3.2.8 发电厂应设置专人负责微机型保护的软件档案管理工作；其软件档案应包括保护型号、制造厂家、保护说明书、软件版本、保护厂家的软件升级申请等需登记在册，每季度进行一次监督检查。

4.3.2.9 并网发电厂的高压母线保护、线路保护、断路器失灵保护等涉及电网安全的微机型保护软件，向相应调度报批和备案。

4.3.3 巡视检查

4.3.3.1 应按照 DL/T 587 及制造厂提供的资料等及时编制、修订继电保护运行规程，在工作中应严格执行各项规章制度及反事故措施和安全技术措施。通过有秩序的工作和严格的技术监督，杜绝继电保护人员因人为责任造成的“误碰、误整定、误接线”事故。

4.3.3.2 发电厂应统一规定本厂的微机型继电保护装置名称，装置中各保护段的名称和作用。

4.3.3.3 新投产的发电机–变压器组、变压器、母线、线路等保护应认真编写启动方案呈报有关主管部门审批，做好事故预想，并采取防止保护不正确动作的有效措施。设备启动正常后应及时恢复为正常运行方式，确保故障能可靠切除。

4.3.3.4 检修设备在投运前，应认真检查各项安全措施恢复情况，防止电压二次回路（特别是开口三角形回路）短路、电流二次回路（特别是备用的二次回路）开路和不符合运行要求的接地点的现象。

4.3.3.5 在一次设备进行操作或 TV 并列时，应采取防止距离保护失电压，以及变压器差动保护和低阻抗保护误动的有效措施。

4.3.3.6 每天巡视时应核对微机型继电保护装置及自动装置的时钟。并定期核对微机型继电保护装置和故障录波装置的各相交流电流、各相交流电压、零序电流（电压）、差电流、外部开关量变位和时钟，并做好记录，核对周期不应超过一个月。

4.3.3.7 检查和分析每套保护在运行中反映出来的各类不平衡分量。微机型差动保护应能在差流越限时发出告警信号，应建立定期检查和记录差流的制度，从中找出薄弱环节和事故隐患，及时采取有效对策。

4.3.3.8 要建立与完善阻波器、结合滤波器等高频通道加工设备的定期检修制度，落实责任制，消除检修管理的死区。

4.3.3.9 结合技术监督检查、检修和运行维护工作，检查本单位继电保护接地系统和抗干扰措施是否处于良好状态。

4.3.3.10 若微机型线路保护装置和收发信机都有远方启动回路，只能投入一套远方启动回路，应优先采用微机型线路保护装置的远方启动回路。

4.3.3.11 继电保护复用通信通道管理应符合以下要求：

a） 继电保护部门和通信部门应明确继电保护复用通信通道的管辖范围和维护界面，防止因通信专业与保护专业职责不清造成继电保护装置不能正常运行或不正确动作。

b） 继电保护部门和通信部门应统一规定管辖范围内的继电保护与通信专业复用通道的名称。

c） 若通信人员在通道设备上工作影响继电保护装置的正常运行，作业前通信人员应填写工作票，经主管部门批准后，通信人员方可进行工作。

d） 通信部门应定期对与微机型继电保护装置正常运行密切相关的光电转换接口、接插部件、PCM（或 2M）板、光端机、通信电源的通信设备的运行状况进行检查，可结合微机型继电保护装置的定期检验同时进行，确保微机型继电保护装置通信通道正常。光纤通道要有监视运行通道的手段，并能判定出现的异常是由保护还是由通信设备引起。

e） 继电保护复用的载波机有计数器时，现场运行人员要每天检查一次计数器，发现计数器变化时，应立即向上级调度汇报，并通知继电保护专业人员。

4.3.3.12 对直流系统进行的运行与定期维护工作，应符合 DL/T 724 标准相关要求。

4.3.3.13 应利用机组 A/B 级检修对充电、浮充电装置进行全面检查，校验其稳压、稳流精度和纹波系数，不符合要求的，应及时对其进行调整。

4.3.3.14 浮充电运行的蓄电池组，除制造厂有特殊规定外，应采用恒压方式进行浮充电。浮充电时，严格控制单体电池的浮充电压上、下限，防止蓄电池因充电电压过高或过低而损坏，若充电电流接近或为零时应重点检查是否存在开路的蓄电池；浮充电运行的蓄电池组，应严格控制所在蓄电池室环境温度不能长期超过 30℃，防止因环境温度过高使蓄电池容量严重下降，运行寿命缩短。

4.3.3.15 运行资料应由专人管理，并保持齐全、准确。

4.3.4 保护装置操作

4.3.4.1 对运行中的保护装置的外部接线进行改动，应履行如下程序：

a） 先在原图上作好修改，经主管技术领导批准。

b） 按图施工，不允许凭记忆工作；拆动二次回路时应逐一做好记录，恢复时严格核对；

c） 改完后，应做相应的逻辑回路整组试验，确认回路、极性及整定值完全正确，然后交由值班运行人员确认后再申请投入运行。

d） 完成工作后，应立即通知现场与主管继电保护部门修改图纸，工作负责人在现场修改图上签字，没有修改的原图应作废。

4.3.4.2 在下列情况下应停用整套微机型继电保护装置：

a） 微机型继电保护装置使用的交流电压、交流电流、开关量输入、开关量输出回路作业。

b） 装置内部作业。

c） 继电保护人员输入定值影响装置运行时。

4.3.4.3 微机型继电保护装置在运行中需要切换已固化好的成套定值时，由现场运行人员按规定的方法改变定值，此时不必停用微机型继电保护装置，但应立即显示（打印）新定值，并与主管调度核对定值单。

4.3.4.4 带纵联保护的微机型线路保护装置如需停用直流电源，应在两侧纵联保护停用后，才允许停直流电源。

4.3.4.5 对重要发电厂配置单套母线差动保护的母线应尽量减少母线无差动保护时的运行时间。严禁无母线差动保护时进行母线及相关元件的倒闸操作。

4.3.4.6 远方更改微机型继电保护装置定值或操作微机型继电保护装置时，应根据现场有关运行规定进行操作，并有保密、监控措施和自动记录功能。同时还应注意防止干扰经由微机型保护的通信接口侵入，导致继电保护装置的不正确动作。

4.3.4.7 运行中的微机型继电保护装置和继电保护信息管理系统电源恢复后，若不能保证时钟准确，运行人员应校对时钟。

4.3.4.8 运行中的装置做改进时，应有书面改进方案，按管辖范围经继电保护主管部门批准后方允许进行。改进后应做相应的试验，及时修改图样资料并做好记录。

4.3.4.9 现场运行人员应保证打印报告的连续性，严禁乱撕、乱放打印纸，妥善保管打印报告，并及时移交继电保护人员。无打印操作时，应将打印机防尘盖盖好，并推入盘内。现场运行人员应每月检查打印纸是否充足、字迹是否清晰，负责加装打印纸及更换打印机色带。

4.3.4.10 防止直流系统误操作。

a） 改变直流系统运行方式的各项操作应严格执行现场规程规定。

b） 直流母线在正常运行和改变运行方式的操作中，严禁脱开蓄电池组。

c） 充电、浮充电装置在检修结束恢复运行时，应先合交流侧开关，再带直流负荷。

4.3.5 保护动作的分析评价

4.3.5.1 继电保护部门应按照 DL/T 623 对所管辖的各类（型）继电保护装置的动作情况进行统计分析，并对装置本身进行评价。对于 1 个事件，继电保护正确动作率评价以继电保护装置内含的保护功能为单位进行评价。对不正确的动作应分析原因，提出改进对策，并及时报主管部门。

4.3.5.2 对于微机型继电保护装置投入运行后发生的第一次区内、外故障，继电保护人员应通过分析微机型继电保护装置的实际测量值来确认交流电压、交流电流回路和相关动作逻辑是否正常。既要分析相位，也要分析幅值。

4.3.5.3 6kV 及以上设备继电保护动作后，应在规定时间、周期内向上级部门报送管辖设备运行情况和统计分析报表。

a） 事故发生后应在规定时间内上报继电保护和故障录波器报告，并在事故后三天内及时填报相应动作评价信息。

b） 继电保护动作统计报表内容包括：保护动作时间、保护安装地点、故障及保护装置动作情况简述、被保护设备名称、保护型号及生产厂家、装置动作评价、不正确动作责任分析、故障录波器录波次数等。

c） 继电保护动作评价：除了继电保护动作统计报表内容外，还应包括保护装置动作评价及其次数，保护装置不正确动作原因等。

d） 保护动作波形应包括：继电保护装置上打印的波形、故障录波器打印波形并下载的 COMTRADE 格式数据文件。

4.3.6 保护装置的事故处理与备品配件

4.3.6.1 继电保护装置出现异常时，当值运行人员应根据该装置的现场运行规程进行处理，并立即向主管领导汇报，及时通知继电保护专业人员。

4.3.6.2 微机型继电保护装置插件出现异常时，继电保护人员应用备用插件更换异常插件，更换备用插件后应对整套保护装置进行必要的检验。

4.3.6.3 继电保护装置动作（跳闸或重合闸）后，现场运行人员应按要求做好记录和复归信号，将动作情况和测距结果立即向主管领导汇报，并打印故障报告。未打印出故障报告之前，现场人员不得自行进行装置试验。

4.3.6.4 应加强发电机及变压器主保护、母线差动保护、断路器失灵保护、线路快速保护等重要保护的运行维护，重视快速主保护的备品备件管理和消缺工作。应将备品配件的配备，以及母线差动等快速主保护因缺陷超时停役纳入本厂的技术监督的工作考核之中。

4.3.6.5 应储备必要的备用插件，备用插件宜与微机型继电保护装置同时采购。备用插件应视同运行设备，保证其可用性。储存有集成电路芯片的备用插件，应有防止静电措施。

4.3.6.6 微机型保护装置的电源板（或模件）应每 6 年对其更换一次，以免由此引起保护拒动或误启动。

4.3.6.7 新投运或电流、电压回路发生变更的 220kV 电压等级及以上电气设备，在第一次经历区外故障后，宜通过打印保护装置和故障录波器报告的方式校核保护交流采样值、收发信开关量、功率方向以及差动保护差流值的正确性。

4.4 检验阶段监督

4.4.1 继电保护装置检验基本要求

4.4.1.1 继电保护装置检验，应符合 DL/T 995 及有关微机型继电保护装置检验规程、反事故措施和现场工作保安相关规定。同步相量测量装置和时间同步系统检测，还应分别符合 GB/T 26862 和 GB/T 26866 相关要求。

4.4.1.2 对继电保护装置进行计划性检验前，应编制继电保护标准化作业指导书，检验期间认真执行继电保护标准化作业书，不应为赶工期减少检验项目和简化安全措施。

4.4.1.3 进行微机型继电保护装置的检验时，应充分利用其自检功能，主要检验自检功能无法检测的项目。

4.4.1.4 新安装、全部和部分检验的重点应放在微机型继电保护装置的外部接线和二次回路。

4.4.1.5 对运行中的继电保护装置外部回路接线或内部逻辑进行改动工作后，应做相应的试验，确认回路接线及逻辑正确后，才能投入运行。

4.4.1.6　继电保护装置检验应做好记录，检验完毕后应向运行人员交待有关事项，及时整理检验报告，保留好原始记录。

4.4.1.7　继电保护检验所选用的微机型校验仪器应符合 DL/T 624 相关要求，定期检验应符合 DL/T 1153 相关要求。做好微机型继电保护试验装置的检验、管理与防病毒工作，防止因试验设备性能、特性不良而引起对保护装置的误整定、误试验。

4.4.1.8　检验所用仪器、仪表应由专人管理，特别应注意防潮、防振。确保试验装置的准确度及各项功能满足继电保护试验的要求，防止因试验仪器、仪表存在问题而造成继电保护误整定、误试验事件的发生。

4.4.2　仪器、仪表的基本要求与配置

4.4.2.1　装置检验所使用的仪器、仪表必须经过检验合格，并应满足 GB/T 7261 相关规定。定值检验所使用的仪器、仪表的准确级应不低于 0.5 级。

4.4.2.2　继电保护班组应至少配置微机型继电保护试验装置、指针式电压表、指针式电流表，数字式电压表、数字式电流表、钳形电流表、相位表、毫秒计、电桥、500V 绝缘电阻表、1000V 绝缘电阻表、2500V 绝缘电阻表和可记忆示波器等。

4.4.2.3　根据本厂保护装置及状况，选配以下装置：

a）测试载波通道应配置高频振荡器和选频表、无感电阻、可变衰耗器等。

b）调试纵联电流差动保护宜配置 GPS 对时天线和选用可对时触发的微机型成套试验仪。

c）调试光纤纵联通道时应配置光源、光功率计、误码仪、可变光衰耗器等仪器。

d）便携式录波器（波形记录仪）。

e）模拟断路器。

4.4.3　继电保护装置检验种类

4.4.3.1　继电保护检验主要包括新安装装置的验收检验、运行中装置的定期检验（以下简称“定期检验”）和运行中装置的补充检验（以下简称“补充检验”）三种类型。

4.4.3.2　新安装装置的验收检验，在下列情况进行：

a）当新安装的一次设备投入运行时。

b）当在现有的一次设备上投入新安装的装置时。

4.4.3.3　定期检验分为三种，包括：

a）全部检验。

b）部分检验。

c）用装置进行断路器跳、合闸试验。

4.4.3.4　补充检验分为五种，包括：

a）对运行中的装置进行较大的更改或增设新的回路后的检验。

b）检修或更换一次设备后的检验。

c）运行中发现异常情况后的检验。

d）事故后检验。

e）已投运行的装置停电 1 年及以上，再次投入运行时的检验。

4.4.4　定期检验的内容与周期

4.4.4.1　定期检验应根据 DL/T 995 所规定的周期、项目及各级主管部门批准执行的标准化作业指导书的内容进行。

4.4.4.2　定期检验周期计划的制订应综合考虑设备的电压等级及工况，按 DL/T 995 要求的周期、项目进行。在一般情况下，定期检验应尽可能配合在一次设备停电检修期间进行。220kV 电压等级及以上继电保护装置的全部检验及部分检验周期见表 2 和表 3。自动装置的定期检验参照微机型继电保护装置的定期检验周期进行。

表2 全部检验周期表

编号	设备类型	全部检验周期（年）	定义范围说明
1	微机型装置	6	包括装置引入端子外的交、直流及操作回路以及涉及的辅助继电器、操动机构的辅助触点、直流控制回路的自动断路器等
2	非微机型装置	4	
3	保护专用光纤通道，复用光纤或微波连接通道	6	指站端保护装置连接用光纤通道及光电转换装置
4	保护用载波通道的设备（包含与通信复用、自动装置合用且由其他部门负责维护的设备）	6	涉及如下相应的设备：高频电缆、结合滤波器、差接网络、分频器

表3 部分检验周期表

编号	设备类型	部分检验周期（年）	定义范围说明
1	微机型装置	2～3	包括装置引入端子外的交、直流及操作回路以及涉及的辅助继电器、操动机构的辅助触点、直流控制回路的自动断路器等
2	非微机型装置	1	
3	保护专用光纤通道，复用光纤或微波连接通道	2～3	指光头擦拭、收信裕度测试等
4	保护用载波通道的设备（包含与通信复用、自动装置合用且由其他部门负责维护的设备）	2～3	指传输衰耗、收信裕度测试等

4.4.4.3 制定部分检验周期计划时，可视装置的电压等级、制造质量、运行工况、运行环境与条件，适当缩短检验周期、增加检验项目。

a） 新安装装置投运后1年内应进行第一次全部检验。在装置第二次全部检验后，若发现装置运行情况较差或已暴露出了应予以监督的缺陷，可考虑适当缩短部分检验周期，并有目的、有重点地选择检验项目。

b） 110kV电压等级的微机型装置宜每2年～4年进行一次部分检验，每6年进行一次全部检验；非微机型装置参照220kV及以上电压等级同类装置的检验周期。

c） 低压厂用电进线断路器若配置智能保护器，宜每2年～4年做一次定值试验，保护出口动作试验应结合断路器跳闸进行。智能保护器试验一般分为长时限过电流、短时限过电流和电流速断保护试验。智能保护器试验一般使用厂家配备的专用试验仪器。

d） 利用装置进行断路器的跳、合闸试验宜与一次设备检修结合进行。必要时，可进行补充检验。

4.4.4.4 电力系统同步相量测量装置和电力系统的时间同步系统检测宜每2年～4年进行一次。

4.4.4.5 结合变压器检修工作，应按照DL/T 540要求校验气体继电器。对大型变压器应配备经校验性能良好、整定正确的气体继电器作为备品。

4.4.4.6 对直流系统进行维护与试验，应符合 GB/T 19826及DL/T 724相关规定。

4.4.4.7 定期对蓄电池进行核对性放电试验，确切掌握蓄电池的容量。对于新安装或大修中更换过电解液的防酸蓄电池组，在第1年内，每半年进行一次核对性放电试验。运行1年以后的防酸蓄电池组，每隔1年～2年进行一次核对性放电试验；对于新安装的阀控密封蓄电池组，应进行核对性放电试验。以后每隔2年进行一次核对性放电试验。运行了4年以后的蓄电池组，每年做一次核对性放电试验。

4.4.4.8 每1年～2年对微机型继电保护检验装置进行一次全部检验。

4.4.4.9 母线差动保护、断路器失灵保护及自动装置中投切发电机组、切除负荷、切除线路或变压器的跳、合断路器试验，允许用导通方法分别证实至每个断路器接线的正确性。

4.4.5 补充检验的内容

4.4.5.1 因检修或更换一次设备（断路器、TA 和 TV 等）所进行的检验，应根据一次设备检修（更换）的性质，确定其检验项目。

4.4.5.2 运行中的装置经过较大的更改或装置的二次回路变动后，均应进行检验，并按其工作性质，确定其检验项目。

4.4.5.3 凡装置发生异常或装置不正确动作且原因不明时，均应根据事故情况，有目的地拟定具体检验项目及检验顺序，尽快进行事故后检验。检验工作结束后，应及时提出报告。

4.4.6 继电保护现场检验的监督重点

4.4.6.1 对装置的定值校验，应按批准的定值通知单进行。检验工作负责人应熟知定值通知单的内容，并核对所给的定值是否齐全，确认所使用的 TA、TV 的变比值是否与现场实际情况相符合。

4.4.6.2 对试验设备及回路的基本要求：

a） 试验工作应注意选用合适的仪表，整定试验所用仪表的精确度应为 0.5 级或以上，测量继电器内部回路所用的仪表应保证不致破坏该回路参数值，如并接于电压回路上的，应用高内阻仪表；若测量电压小于 1V，应用电子毫伏表或数字型电压表；串接于电流回路中的，应用低内阻仪表。绝缘电阻测定，一般情况下用 1000V 绝缘电阻表进行。

b） 试验回路的接线原则，应使通入装置的电气量与其实际工作情况相符合。例如对反映过电流的元件，应用突然通入电流的方法进行检验；对正常接入电压的阻抗元件，则应用将电压由正常运行值突然下降，而电流由零值突然上升的方法，或从负荷电流变为短路电流的方法进行检验。

c） 在保证按定值通知单进行整定试验时，应以上述符合故障实际情况的方法作为整定的标准。

d） 模拟故障的试验回路，应具备对装置进行整组试验的条件。装置的整组试验是指自装置的电压、电流二次回路的引入端子处，向同一被保护设备的所有装置通入模拟的电压、电流量，以检验各装置在故障及重合闸过程中的动作情况。

4.4.6.3 继电保护装置停用后，其出口跳闸回路应要有明显的断开点（打开了连接片或接线端子片等）才能确认断开点以前的保护已经停用。

4.4.6.4 对于采用单相重合闸，由连接片控制正电源的三相分相跳闸回路，停用时除断开连接片外，应断开各分相跳闸回路的输出端子，才能认为该保护已停用。

4.4.6.5 不允许在未停用的保护装置上进行试验和其他测试工作；也不允许在保护未停用的情况下，用装置的试验按钮（除闭锁式纵联保护的启动发信按钮外）做试验。

4.4.6.6 所有的继电保护定值试验，都应以符合正式运行条件为准。

4.4.6.7 分部试验应采用和保护同一直流电源，试验用直流电源应由专用熔断器供电。

4.4.6.8 只能用整组试验的方法，即除由电流及电压端子通入与故障情况相符的模拟故障量外，保护装置处于与投入运行完全相同的状态下，检查保护回路及整定值的正确性。不允许用卡继电器触点、短路触点或类似人为手段做保护装置的整组试验。

4.4.6.9 应对保护装置做拉合直流电源的试验，保护在此过程中不得出现有误动作或误发信号的情况。

4.4.6.10 对于载波收发信机，无论是专用或复用，都应有专用规程按照保护逻辑回路要求，测试收发信回路整组输入/输出特性。

4.4.6.11 在载波通道上作业后应检测通道裕量，并与新安装检验时的数值比较。

4.4.6.12 新投入、大修后或改动了二次回路的差动保护，保护投运前应测六角图及差回路的不平衡电流，以确认二次极性及接线正确无误。变压器第一次投入系统时应将差动保护投入跳闸，变压器充电良好后停用，然后变压器带上部分负荷，测六角图，同时测差回路的不平衡电流，证实二次接线及极性正确无误后，才再将保护投入跳闸，在上述各种情况下，变压器的重瓦斯保护均应投入跳闸。

4.4.6.13 新投入、大修后或改动了二次回路的差动保护，在投入运行前，除测定相回路及差回路电流外，应测各中性线的不平衡电流，以确保回路完整、正确。

4.4.6.14 所有试验仪表、测试仪器等，均应按使用说明书的要求做好相应的接地（在被测保护屏的接地点）后，才能接通电源；注意与引入被测电流电压的接地关系，避免将输入的被测电流或电压短路；只有当所有电源断开后，才能将接地点断开。

4.4.6.15 所有正常运行时动作的电磁型电压及电流继电器的触点，应严防抖动。

4.4.6.16 多套保护回路共用一组 TA，停用其中一套保护进行试验时，或者与其他保护有关联的某一套进行试验时，应特别注意做好其他保护的安全措施，例如将相关的电流回路短接，将接到外部的触点全部断开等。

4.4.6.17 新安装及解体检修后的 TA 应做变比及伏安特性试验，并做三相比较以判别二次线圈有无匝间短路和一次导体有无分流；注意检查 TA 末屏是否已可靠接地。

4.4.6.18 变压器中性点 TA 的二次伏安特性应与接入的电流继电器启动值校对，保证后者在通过最大短路电流时能可靠动作。

4.4.6.19 应注意校核继电保护通信设备（光纤、微波、载波）传输信号的可靠性和冗余度，防止因通信设备的问题而引起保护不正确动作。

4.4.6.20 在电压切换和电压闭锁、断路器失灵保护、母线差动保护、远跳、远切、联切及“和电流”等接线方式有关的二次回路上工作时，以及 3/2 断路器接线等主设备检修而相邻断路器仍需运行时，应特别认真做好安全隔离措施。

4.4.6.21 双母线中阻抗比率制动式母线差动保护在带负荷试验时，不宜采用一次系统来验证辅助变流器二次切换回路正确性。辅助变流器二次回路正确性检验宜在母线差动保护整组试验阶段完成。

4.4.6.22 在安排继电保护装置进行定期检验时，要重视对快切装置及备自投的定期检验，要按照 DL/T 995 相关要求，按照动作条件，对快切装置及备自投做模拟试验，以确保这些装置随时能正确地投切。

4.4.6.23 对采用金属氧化物避雷器接地的 TV 的二次回路，应检查其接线的正确性及金属氧化物避雷器的工频放电电压，防止造成电压二次回路多点接地的现象。定期检查时可用绝缘电阻表检验击穿熔断器或金属氧化物避雷器的工作状态是否正常。一般当用 1000V 绝缘电阻表时，击穿熔断器或金属氧化物避雷器不应击穿；而用 2500V 绝缘电阻表时，则应可靠击穿。

4.4.6.24 为防止试验过程中分合闸线圈通电时间过长造成线圈损坏，在进行断路器跳合闸回路试验中，不能采用电压缓慢增加的方式，而是采用试验电压突加法，并在试验仪设置输出电压时间 100ms～350ms，确保线圈通电时间不超过 500ms，以检查断路器的动作情况。

4.4.6.25 多通道差动保护（如变压器差动保护、母线差动保护）为防止因备用电流通道采样突变引起保护误动，应将备用电流通道屏蔽，或将该通道 TA 变比设置为最小。

4.4.6.26 大修后或改动了二次回路保护装置需在低负荷情况下检查校核保护装置通道采样值、功能测量值是否正确，并打印通道采样值。

4.4.6.27 保护装置检修结束，在装置投运后应打印保护定值，并核对、存档。

4.4.7 继电保护现场检验现场安全监督重点

4.4.7.1 现场检验基本要求

4.4.7.1.1 规范现场人员作业行为，防止发生人身伤亡、设备损坏和继电保护“三误”（误碰、误接线、误整定）事故，保证电力系统一、二次设备的安全运行。

4.4.7.1.2 继电保护现场工作至少应有两人参加。现场工作人员应熟悉继电保护及自动装置和相关二次回路。

4.4.7.1.3 外单位参与工作的人员在工作前，应了解现场电气设备接线情况、危险点和安全注意事项。

4.4.7.1.4 工作人员在现场工作过程中，遇到异常情况（如直流系统接地等）或断路器跳闸，应立即停止工作，保持现状，待查明原因，确定与本工作无关并得到运行人员许可后，方可继续工作。若异常情况或断路器跳闸是本身工作引起，应保留现场，立即通知运行人员，以便及时处理。

4.4.7.1.5　继电保护人员在发现直接危及人身、设备和电网安全的紧急情况时，应停止作业或在采取可能的紧急措施后撤离作业场所，并立即报告。

4.4.7.2　现场工作前准备

4.4.7.2.1　了解工作地点、工作范围、一次设备和二次设备运行情况，与本工作有联系的运行设备，如失灵保护、远方跳闸、自动装置、联跳回路、重合闸、故障录波器、变电站自动化系统、继电保护及故障信息管理系统等，了解需要与其他专业配合的工作。

4.4.7.2.2　拟订工作重点项目、需要处理的缺陷和薄弱环节。

4.4.7.2.3　应具备与实际状况一致的图纸、上次检验报告、最新整定通知单、标准化作业指导书、保护装置说明书、现场运行规程，合格的仪器、仪表、工具、连接导线和备品备件。确认微机型继电保护和自动装置的软件版本符合要求，试验仪器使用的电源正确。

4.4.7.2.4　工作人员应分工明确，熟悉图纸和检验规程等有关资料。

4.4.7.2.5　对重要和复杂保护装置，如母线保护、失灵保护、主变压器保护、远方跳闸、有联跳回路的保护装置、自动装置和备自投等的现场检验工作，应编制经技术负责人审批的检验方案和继电保护安全措施票。

4.4.7.2.6　现场工作中遇有下列情况应填写继电保护安全措施票：

a）在运行设备的二次回路上进行拆、接线工作。

b）在对检修设备执行隔离措施时，需断开、短接和恢复与运行设备有联系的二次回路工作。

4.4.7.2.7　继电保护安全措施票中“安全措施内容”应按实施的先后顺序逐项填写，按照被断开端子的“保护屏（柜）（或现场端子箱）名称、电缆号、端子号、回路号、功能和安全措施”格式填写。

4.4.7.2.8　开工前应核对安全措施票内容和现场接线，确保图纸与实物相符。

4.4.7.2.9　在继电保护屏（柜）的前面和后面，以及现场端子箱的前面应有明显的设备名称。若一面屏（柜）上有两个及以上保护设备时，在屏（柜）上应有明显的区分标志。

4.4.7.2.10　若高压试验、通信、仪表、自功化等专业人员作业影响继电保护和自动装置的正常运行，应办理审批手续，停用相关保护。作业前应填写工作票，工作票中应注明需要停用的保护。在做好安全措施后，方可进行工作。

4.4.7.3　现场工作

4.4.7.3.1　工作人员应逐条核对运行人员做的安全措施（如连接片、二次熔丝或二次空气断路器的位置等），确保符合要求。运行人员应在工作屏（柜）的正面和后面设置“在此工作”标志。

a）若工作的屏（柜）上有运行设备，应有明显标志，并采取隔离措施，以便与检验设备分开。

b）若不同保护对象组合在一面屏（柜）时，应对运行设备及其端子排采取防护措施，如对运行设备的连接片、端子排用绝缘胶布贴住或用塑料扣板扣住端子。

4.4.7.3.2　运行中的继电保护和自动装置需要检验时，应先断开相关跳闸和合闸连接片，再断开装置的工作电源。在继电保护相关工作结束，恢复运行时，应先检查相关跳闸和合闸连接片在断开位置。投入工作电源后，检查装置正常，用高内阻的电压表检验连接片的每一端对地电位都正确后，才能投入相应出口连接片。

4.4.7.3.3　在检验继电保护和自动装置时，凡与其他运行设备二次回路相连的连接片和接线应有明显标记，应按安全措施票断开或短路有关回路，并做好记录。

4.4.7.3.4　更换继电保护和自动装置屏（柜）或拆除旧屏（柜）前，应在有关回路对侧屏（柜）做好安全措施。

4.4.7.3.5　对于“和”电流构成的保护，如变压器差动保护、母线差动保护和 3/2 接线的线路保护等，若某一断路器或 TA 作业影响保护和电流回路，作业前应将 TA 的二次回路与保护装置断开，防止保护装置侧电流回路短路或电流回路两点接地，同时断开该保护跳此断路器的出口连接片。

4.4.7.3.6 不应在运行的继电保护、自动装置屏（柜）上进行与正常运行操作、停运消缺无关的其他工作。若在运行的继电保护、自动装置屏（柜）附近工作，有可能影响运行设备安全时，应采取防止运行设备误动作的措施。

4.4.7.3.7 在现场进行带电工作（包括做安全措施）时，作业人员应使用带绝缘把手的工具（其外露导电部分不应过长，否则应包扎绝缘带）。若在带电的 TA 二次回路上工作时，还应站在绝缘垫上，以保证人身安全。同时将邻近的带电部分和导体用绝缘器材隔离，防止造成短路或接地。

4.4.7.3.8 在试验接线前，应了解试验电源的容量和接线方式。被检验装置和试验仪器不应从运行设备上取试验电源，取试验电源要使用隔离开关或空气断路器，隔离开关应有熔丝并带罩，防止总电源熔丝越级熔断。核实试验电源的电压值符合要求，试验接线应经第二人复查并告知相关作业人员后方可通电。被检验保护装置的直流电源宜取试验专用直流电源。

4.4.7.3.9 现场工作应以图纸为依据，工作中若发现图纸与实际接线不符，应查线核对。如涉及修改图纸，应在图纸上标明修改原因和修改日期，修改人和审核人应在图纸上签字。

4.4.7.3.10 改变二次回路接线时，事先应经过审核，拆动接线前要与原图核对，改变接线后要与新图核对，及时修改底图，修改在用和存档的图纸。

4.4.7.3.11 改变保护装置接线时，应防止产生寄生回路。

4.4.7.3.12 改变直流二次回路后，应进行相应的传动试验。必要时还应模拟各种故障，并进行整组试验。

4.4.7.3.13 对交流二次电流、电压回路通电时，应可靠断开至 TA、TV 二次侧的回路，防止反充电。

4.4.7.3.14 TA 和 TV 的二次绕组应有一点接地且仅有一点永久性的接地。

4.4.7.3.15 在运行的 TV 二次回路上工作时，应采取下列安全措施：

a） 不应将 TV 二次回路短路、接地或断线。必要时，工作前申请停用有关继电保护或自动装置；
b） 接临时负载，应装有专用的隔离开关和熔断器。
c） 不应将回路的永久接地点断开。

4.4.7.3.16 在运行的 TA 二次回路上工作时，应采取下列安全措施：

a） 不应将 TA 二次侧开路。必要时，工作前申请停用有关继电保护保护或自动装置。
b） 短路 TA 二次绕组，应用短路片或导线压接短路。
c） 工作中不应将回路的永久接地点断开。

4.4.7.3.17 对于被检验保护装置与其他保护装置共用 TA 绕组的特殊情况，应采取以下措施防止其他保护装置误启动：

a） 核实 TA 二次回路的使用情况和连接顺序。
b） 若在被检验保护装置电流回路后串接有其他运行的保护装置，原则上应停运其他运行的保护装置。如确无法停运，在短接被检验保护装置电流回路前、后，应监测运行的保护装置电流与实际相符。若在被检验保护电流回路前串接其他运行的保护装置，短接被检验保护装置电流回路后，监测到被检验保护装置电流接近于零时，方可断开被检验保护装置电流回路。

4.4.7.3.18 按照先检查外观，后检查电气量的原则，检验继电保护和自动装置，进行电气量检查之后不应再插、拔插件。

4.4.7.3.19 应根据最新定值通知单整定保护装置定值，确认定值通知单与实际设备相符（包括互感器的接线、变比等），已执行的定值通知单应有执行人签字。

4.4.7.3.20 所有交流继电器的最后定值试验应在保护屏（柜）的端子排上通电进行，定值试验结果应与定值单要求相符。

4.4.7.3.21 进行现场工作时，应防止交流和直流回路混线。继电保护或自动装置检验后，以及二次回路改造后，应测量交、直流回路之间的绝缘电阻，并做好记录；在合上交流（直流）电源前，应测量负荷侧是否有直流（交流）电位。

4.4.7.3.22 进行保护装置整组检验时，不宜用将继电器触点短接的办法进行。传动或整组试验后不应再在二次回路上进行任何工作，否则应做相应的检验。

4.4.7.3.23 带方向性的保护和差动保护新投入运行时，一次设备或交流二次回路改变后，应用负荷电流和工作电压检验其电流、电压回路接线的正确性。

4.4.7.3.24 对于母线保护装置的备用间隔 TA 二次回路应在母线保护屏（柜）端子排外侧断开，端子排内侧不应短路。

4.4.7.3.25 在导引电缆及与其直接相连的设备上工作时，按带电设备工作的要求做好安全措施后，方可进行工作。

4.4.7.3.26 在运行中的高频通道上进行工作时，应核实耦合电容器低压侧可靠接地后，才能进行工作。

4.4.7.3.27 应特别注意电子仪表的接地方式，避免损坏仪表和保护装置中的插件。

4.4.7.3.28 在微机型保护装置上进行工作时，应有防止静电感应的措施，避免损坏设备。

4.4.7.4 现场工作结束

4.4.7.4.1 现场工作结束前，应检查检验记录。确认检验无遗漏项目，试验数据完整，检验结论正确后，才能拆除试验接线。

4.4.7.4.2 整组带断路器传动试验前，应紧固端子排螺钉（包括接地端子），确保接线接触可靠。检查端子接线压接处接线无折痕、开裂，防止回路断线。

4.4.7.4.3 复查临时接线全部拆除，断开的接线全部恢复，图纸与实际接线相符，标志正确。

4.4.7.4.4 工作结束，全部设备和回路应恢复到工作开始前状态。

4.4.7.4.5 工作结束前，应将微机型保护装置打印或显示的整定值与最新定值通知单进行逐项核对。

4.4.7.4.6 工作票结束后不应再进行任何工作。

5 监督管理要求

5.1 监督基础管理工作

5.1.1 继电保护监督管理的依据

电厂应按照《华能电厂安全生产管理体系要求》中有关技术监督管理和本标准的要求，制定电厂继电保护监督管理标准，并根据国家法律、法规及国家、行业、集团公司标准、规范、规程、制度，结合电厂实际情况，编制继电保护监督相关/支持性文件；建立健全技术资料档案，以科学、规范的监督管理，保证继电保护装置的安全可靠运行。

5.1.2 继电保护监督管理应具备的相关/支持性文件

a） 继电保护及安全自动装置检验规程。

b） 继电保护及安全自动装置运行规程。

c） 继电保护及安全自动装置检验管理规定。

d） 继电保护及安全自动装置定值管理规定。

e） 微机保护软件管理规定。

f） 继电保护装置投退管理规定。

g） 继电保护反事故措施管理规定。

h） 继电保护图纸管理规定。

i） 故障录波装置管理规定。

j） 继电保护及安全自动装置巡回检查管理规定。

k） 继电保护及安全自动装置现场保安工作管理规定。

l） 继电保护试验仪器、仪表管理规定。

m） 设备巡回检查管理标准。

n） 设备检修管理标准。

o） 设备缺陷管理标准。

p） 设备点检定修管理标准。

q） 设备评级管理标准。

r） 设备异动管理标准。

s） 设备停用、退役管理标准。

5.1.3 技术资料档案

5.1.3.1 基建阶段技术资料

a） 竣工原理图、安装图、设计说明、电缆清册等设计资料。

b） 制造厂商提供的装置说明书、保护柜（屏）原理图、合格证明和出厂试验报告、保护装置调试大纲等技术资料。

c） 继电保护及安全自动装置新安装检验报告（调试报告）。

d） 蓄电池厂家产品使用说明书、产品合格证明书以及充、放电试验报告；充电装置、绝缘监察装置、微机型监控装置的厂家产品使用说明书、电气原理图和接线图、产品合格证明书以及验收检验报告等。

5.1.3.2 设备清册、台账以及图纸资料

a） 继电保护装置清册及台账，包括线路（含电缆）保护、母线保护、变压器保护、发电机（发电机–变压器组）保护、并联电抗器保护、断路器保护、短引线保护、过电压及远方跳闸保护、电动机保护、其他保护等。

b） 安全自动装置清册及台账，包括同期装置、厂用电源快速切换装置、备用电源自动投入装置、安全稳定控制装置、电力系统同步相量测量装置、继电保护及故障信息管理系统子站等。

c） 故障录波及测距装置清册及台账。

d） 电力系统时间同步系统台账。

e） 直流电源系统清册及台账，等等。

5.1.3.3 试验报告

a） 继电保护及安全自动装置定期检验报告。

b） 蓄电池组、充电装置、绝缘监察装置、微机型监控装置等的定期试验报告。

c） 继电保护试验仪器、仪表定期校准报告。

5.1.3.4 运行报告和记录

a） 继电保护及安全自动装置动作记录表。

b） 继电保护及安全自动装置缺陷及故障记录表。

c） 故障录波装置启动记录表。

d） 继电保护整定计算报告。

e） 继电保护定值通知单。

f） 装置打印的定值清单。

5.1.3.5 检修维护报告和记录

a） 检修质量控制质检点验收记录。

b） 检修文件包（继电保护现场检验作业指导书）。

c） 检修记录及竣工资料。

d） 检修总结。

e） 设备检修记录和异动记录。

5.1.3.6 缺陷闭环管理记录

月度缺陷分析。

5.1.3.7 事故管理报告和记录

a） 设备事故、一类障碍统计记录。

b） 继电保护动作分析报告。

5.1.3.8 技术改造报告和记录

a） 可行性研究报告。

b） 技术方案和措施。

c） 技术图纸、资料、说明书。

d） 质量监督和验收报告。

e） 完工总结报告和后评估报告。

5.1.3.9 监督管理文件

a） 与继电保护监督有关的国家法律、法规及国家、行业、集团公司标准、规范、规程、制度。

b） 电厂制定的继电保护监督标准、规程、规定、措施等。

c） 继电保护监督年度工作计划和总结。

d） 继电保护监督季报、速报。

e） 继电保护监督预警通知单和验收单。

f） 继电保护监督会议纪要。

g） 继电保护监督工作自我评价报告和外部检查评价报告。

h） 继电保护监督人员档案、上岗证书。

i） 岗位技术培训计划、记录和总结。

j） 与继电保护装置以及监督工作有关重要来往文件。

5.2 日常管理内容和要求

5.2.1 健全监督网络与职责

5.2.1.1 各电厂应建立健全由生产副厂长（总工程师）领导下的继电保护技术监督三级管理网。第一级为厂级，包括生产副厂长（总工程师）领导下的继电保护监督专责人；第二级为部门级，包括运行部电气专工，检修部电气专工；第三级为班组级，包括各专工领导的班组人员。在生产副厂长（总工程师）领导下由继电保护监督专责人统筹安排，协调运行、检修等部门共同完成继电保护监督工作。继电保护监督三级网严格执行岗位责任制。

5.2.1.2 按照集团公司《华能电厂安全生产管理体系要求》和《电力技术监督管理办法》编制电厂继电保护监督管理标准，做到分工、职责明确，责任到人。

5.2.1.3 电厂继电保护技术监督工作归口职能管理部门在电厂技术监督领导小组的领导下，负责继电保护技术监督的组织建设工作，建立健全技术监督网络，并设继电保护技术监督专责人，负责全厂继电保护技术监督日常工作的开展和监督管理。

5.2.1.4 电厂继电保护技术监督工作归口职能管理部门每年年初要根据人员变动情况及时对网络成员进行调整；按照人员培训和上岗资格管理办法的要求，定期对技术监督专责人和特殊技能岗位人员进行专业和技能培训，保证持证上岗。

5.2.2 确定监督标准符合性

5.2.2.1 继电保护监督标准应符合国家、行业及上级主管单位的有关规定和要求。

5.2.2.2 每年年初，继电保护技术监督专责人应根据新颁布的标准规范及设备异动情况，组织对继电保护检修规程、运行规程等规程、制度的有效性、准确性进行评估，修订不符合项，经归口职能管理部门领导审核、生产主管领导审批后发布实施。国标、行标及上级单位监督规程、规定中涵盖的相关继电保护监督工作均应在电厂规程及规定中详细列写齐全。在继电保护规划、设计、建设、更改过程中的继电保护监督要求等同采用每年发布的相关标准。

5.2.3 确定仪器仪表有效性

5.2.3.1 应配备必需的继电保护试验仪器、仪表。

5.2.3.2 应建立继电保护试验仪器、仪表设备台账，根据检验、使用及更新情况进行补充完善。

5.2.3.3 应根据检验周期和项目，制定继电保护试验仪器、仪表年度检验计划，按规定进行检验、送检，对检验合格的可继续使用，对检验不合格的送修或报废处理，报整仪器仪表有效性。

5.2.4 监督档案管理

5.2.4.1 电厂应按照本标准规定的文件、资料、记录和报告目录以及格式要求，建立健全继电保护技术监督各项台账、档案、规程、制度和技术资料，确保技术监督原始档案和技术资料的完整性和连续性。

5.2.4.2 技术监督专责人应建立继电保护监督档案资料目录清册，根据监督组织机构的设置和设备的实际情况，明确档案资料的分级存放地点，并指定专人整理保管，及时更新。

5.2.5 制定监督工作计划

5.2.5.1 继电保护技术监督专责人每年 11 月 30 日前应组织制定下年度技术监督工作计划，报送产业公司、区域公司，同时抄送西安热工研究院有限公司（以下简称“西安热工院”）。

5.2.5.2 电厂技术监督年度计划的制定依据至少应包括以下几方面：

a） 国家、行业、地方有关电力生产方面的政策、法规、标准、规程和反事故措施要求。

b） 集团公司、产业公司、区域公司、发电企业技术监督管理制度和年度技术监督动态管理要求。

c） 集团公司、产业公司、区域公司、发电企业技术监督工作规划和年度生产目标。

d） 技术监督体系健全和完善化。

e） 人员培训和监督用仪器设备配备和更新。

f） 机组检修计划。

g） 继电保护装置目前的运行状态。

h） 技术监督动态检查、预警、月（季）提出的问题。

i） 收集的其他有关继电保护设计选型、制造、安装、运行、检修、技术改造等方面的动态信息。

5.2.5.3 电厂技术监督工作计划应实现动态化，即各专业应每季度制订技术监督工作计划。年度（季度）监督工作计划应包括以下主要内容：

a） 技术监督组织机构和网络完善。

b） 监督管理标准、技术标准规范制定、修订计划。

c） 人员培训计划（主要包括内部培训、外部培训取证，标准规范宣贯）。

d） 技术监督例行工作计划。

e） 检修期间应开展的技术监督项目计划。

f） 监督用仪器仪表检定计划；

g） 技术监督自我评价、动态检查和复查评估计划。

h） 技术监督预警、动态检查等监督问题整改计划。

i） 技术监督定期工作会议计划。

5.2.5.4 电厂应根据上级公司下发的年度技术监督工作计划，及时修订补充本单位年度技术监督工作计划，并发布实施。

5.2.5.5 继电保护监督专责人每季度对继电保护监督各部门的监督计划的执行情况进行检查，对不满足监督要求的通过技术监督不符合项通知单的形式下发到相关部门进行整改，并对继电保护监督的相关部门进行考评。技术监督不符合项通知单编写格式见附录 B。

5.2.6 监督报告管理

5.2.6.1 继电保护监督速报报送

电厂发生继电保护拒动、误动事件后 24h 内，应将事件概况、原因分析、已采取的措施按照附录 C 的格式，以速报的形式报送产业公司、区域公司和西安热工院。

5.2.6.2 继电保护监督季报报送

继电保护技术监督专责人应按照附录 D 的季报格式和要求，组织编写上季度继电保护技术监督季报，经电厂归口职能管理部门汇总后，于每季度首月 5 日前，将全厂技术监督季报报送产业公司、区域公司和西安热工院。

5.2.6.3 继电保护监督年度工作总结报告报送

a） 继电保护技术监督专责人应于每年 1 月 5 日前编制完成上年度技术监督工作总结，并报送产业公司、区域公司和西安热工院。

b） 年度继电保护监督工作总结报告主要内容应包括以下几方面：

1） 主要监督工作完成情况、亮点和经验与教训。

2） 设备一般事故及障碍、危急缺陷和严重缺陷统计分析。

3） 继电保护动作分析评价。

4） 监督存在的主要问题和改进措施。

5） 下年度工作思路、计划、重点和改进措施。

5.2.7 监督例会管理

5.2.7.1 电厂每年至少召开两次厂级技术监督工作会议，会议由电厂技术监督领导小组组长主持，检查评估、总结、布置继电保护技术监督工作，对技术监督中出现的问题提出处理意见和防范措施，形成会议纪要，按管理流程批准后发布实施。

5.2.7.2 继电保护专业每季度至少召开一次技术监督工作会议，会议由继电保护监督专责人主持并形成会议纪要。

5.2.7.3 例会主要内容包括：

a） 上次监督例会以来继电保护监督工作开展情况。

b） 继电保护装置故障、缺陷分析及处理措施。

c） 继电保护监督存在的主要问题以及解决措施/方案。

d） 上次监督例会提出问题整改措施完成情况的评价。

e） 技术监督工作计划发布及执行情况，监督计划的变更。

f） 集团公司技术监督季报、监督通信、新颁布的国家及行业标准规范、监督新技术学习交流。

g） 继电保护监督需要领导协调和其他部门配合及关注的事项。

h） 至下次监督例会时间内的工作要点。

5.2.8 监督预警管理

5.2.8.1 继电保护技术监督三级预警项目见附录 E。电厂应将三级预警识别纳入日常继电保护监督管理和考核工作中。

5.2.8.2 对于上级监督单位签发的预警通知单（见附录 F），电厂应认真组织人员研究有关问题，制定整改计划，整改计划中应明确整改措施、责任部门、责任人和完成日期。

5.2.8.3 问题整改完成后，电厂应按照验收程序要求，向预警提出单位提出验收申请，经验收合格后，由验收单位填写预警验收单（见附录 G），并报送预警签发单位备案。

5.2.9 监督问题整改管理

5.2.9.1 整改问题的提出

a） 上级或技术监督服务单位在技术监督动态检查、预警中提出的整改问题。

b） 《火电技术监督报告》中明确的集团公司或产业公司、区域公司督办问题。

c） 《火电技术监督报告》中明确的电厂需要关注及解决的问题。

d） 电厂继电保护监督专责人每季度对各部门监督计划的执行情况进行检查，对不满足监督要求提出的整改问题。

5.2.9.2 问题整改管理

a） 电厂收到技术监督评价报告后，应组织有关人员会同西安热工院或技术监督服务单位，在两周内完成整改计划的制定和审核，整改计划编写格式见附录 H。并将整改计划报送集团公司、产业公司、区域公司，同时抄送西安热工院或技术监督服务单位。

b） 整改计划应列入或补充列入年度监督工作计划，电厂按照整改计划落实整改工作，并将整改实施情况及时在技术监督季报中总结上报。

c） 对整改完成的问题，电厂应保存问题整改相关的试验报告、现场图片、影像等技术资料，作为问题整改情况及实施效果评估的依据。

5.2.10 监督评价与考核

5.2.10.1 电厂应将“继电保护技术监督工作评价表”中的各项要求纳入日常继电保护监督管理工作中，“继电保护技术监督工作评价表”见附录 I。

5.2.10.2 电厂应按照“继电保护技术监督工作评价表”中的各项要求，编制完善继电保护技术监督管理制度和规定，完善各项继电保护监督的日常管理和检修维护记录，加强继电保护装置的运行、检修技术监督。

5.2.10.3 电厂应定期对技术监督工作开展情况组织自我评价，对不满足监督要求的不符合项以通知单的形式下发到相关部门进行整改，并对相关部门及责任人进行考核。

5.3 各阶段监督重点工作

5.3.1 设计与选型阶段

5.3.1.1 新建、扩建、更改工程一次系统规划建设中，应充分考虑继电保护适应性，避免出现特殊接线方式造成继电保护配置及整定难度的增加，为继电保护安全可靠运行创造良好条件。技术监督管理部门应参加工程各阶段设计审查。

5.3.1.2 新建、扩建、更改工程设计阶段，设计单位应严格执行相关国家、行业标准以及继电保护反事故措施，对于未认真执行的设计项目，应要求其进行设计更改直至满足要求。

5.3.1.3 继电保护的配置和选型必须满足相关标准和反事故措施的要求。保护装置选型应采用技术成熟、性能可靠、质量优良的产品。涉网及重要电气主设备的继电保护装置应组织出厂验收。

5.3.2 基建施工、调试及验收阶段

5.3.2.1 继电保护及安全自动装置屏、柜及二次回路接线安装工程的施工及验收应符合相关标准的要求，保证施工质量。基建施工单位应严格按照相关标准的要求进行施工，否则拒绝给予工程验收。

5.3.2.2 基建调试应严格按照相关标准的要求执行，不得为赶工期减少调试项目，降低调试质量。

5.3.2.3 继电保护及安全自动装置的现场竣工验收应制定详细的验收标准，确保验收质量。

5.3.2.4 新建、扩建、更改工程竣工后，设计单位在提供竣工图的同时应提供可供修改的 CAD 文件光盘或 U 盘。

5.3.3 运行维护阶段

5.3.3.1 编制继电保护及安全自动装置运行规程。

5.3.3.2 建立继电保护技术档案（含设备台账、竣工图纸、厂家技术资料、运行资料、定检报告、事故分析、发生缺陷及消除、反事故措施执行、保护定值等），并采用计算机管理。

5.3.3.3 编制正式的继电保护整定计算书，整定计算书应包括电气设备参数、短路计算、启动备用变压器保护整定计算、发电机–变压器组保护整定计算、厂用系统保护整定计算等内容，整定计算书要妥善保存，以便日常运行或事故处理时核对，整定计算书应经专人全面复核，以保证整定计算的原则合理、定值计算正确。6 年对所辖设备的整定值进行全面复算和校核。

5.3.3.4 每季度分析和评价继电保护的运行及动作情况。对继电保护不正确动作应分析原因，提出改进对策，编写保护动作分析报告。

5.3.3.5 建立微机型保护装置的软件版本档案，记录各装置的软件版本、校验码和程序形成时间。并网电厂的高压母线、线路、断路器等涉网保护装置的软件版本按相应电网调度部门的要求进行管理。

5.3.3.6 储备必要的保护装置备用插件，保证备品备件配备足够及完好。

5.3.3.7 加强故障录波装置运行管理，保证故障录波装置的投入率和录波完好率。每季度对故障录波装置中的故障录波文件进行导出备份。

5.3.3.8 建立继电保护反事故措施管理档案。依据国家能源局、电网公司、集团公司等上级部门颁布的反事故措施，制定具体的实施计划和方案。

5.3.4 检修阶段

5.3.4.1 按照集团公司《电力检修标准化管理实施导则（试行）》做好检修全过程的监督管理。

5.3.4.2 根据一次设备检修安排合理编制年度保护装置的检验计划。装置检验前编制继电保护检修文件包（标准化作业指导书），检验期间严格执行，不应为赶工期减少检验项目和简化安全措施。继电保护现场工作应严格执行相关现场工作保安规定，规范现场人员作业行为，防止发生人身伤亡、设备损坏和继电保护“三误”（误碰、误接线、误整定）事故。

5.3.4.3 检修结束后，技术资料按照要求归档、设备台账实现动态维护、规程及系统图和定值进行修编，并综合费用以及试运的情况进行综合评价分析。及时编写检修报告，并履行审批手续。

5.3.4.4 更改项目按照集团公司《电力生产资本性支出项目管理办法》做好项目可研、立项、项目实施、后评价全过程监督。

6 监督评价与考核

6.1 评价内容

6.1.1 继电保护监督评价内容详见附录I。

6.1.2 继电保护监督评价内容分为技术监督管理、技术监督标准执行两部分，总分为1000分，其中监督管理评价部分包括8个大项44小项，共400分；监督标准执行部分包括4个大项142个小项，共600分。

6.2 评价标准

6.2.1 被评价的电厂按得分率高低分为四个级别，即优秀、良好、合格、不符合。

6.2.2 得分率高于或等于90%为“优秀”，80%～90%（不含90%）为“良好”，70%～80%（不含80%）为“合格”；低于70%为“不符合”。

6.3 评价组织与考核

6.3.1 技术监督评价包括集团公司技术监督评价、属地电力技术监督服务单位技术监督评价、电厂技术监督自我评价。

6.3.2 集团公司定期组织西安热工院和公司内部专家，对电厂技术监督工作开展情况、设备状态进行评价，评价工作按照集团公司《电力技术监督管理办法》规定执行，分为现场评价和定期评价。

6.3.2.1 集团公司技术监督现场评价按照集团公司年度技术监督工作计划中所列的电厂名单和时间安排进行。各电厂在现场评价实施前应按附录I进行自查，编写自查报告。西安热工院在现场评价结束后三周内，应按照集团公司《电力技术监督管理办法》附录D的格式要求完成评价报告，并将评价报告电子版报送集团公司安生部，同时发送产业公司、区域公司及电厂。

6.3.2.2 集团公司技术监督定期评价按照集团公司《电力技术监督管理办法》及本标准要求和规定，对电厂生产技术管理情况、机组障碍及非计划停运情况、继电保护监督报告的内容符合性、准确性、及时性等进行评价，通过年度技术监督报告发布评价结果。

6.3.2.3 集团公司对严重违反技术监督制度、由于技术监督不当或监督项目缺失、降低监督标准而造成严重后果、对技术监督发现问题不进行整改的电厂，予以通报并限期整改。

6.3.3 电厂应督促属地技术监督服务单位依据技术监督服务合同的规定，提供技术支持和监督服务，依据相关监督标准定期对电厂技术监督工作开展情况进行检查和评价分析，形成评价报告，并将评价报告电子版和书面版报送产业公司、区域公司及电厂。电厂应将报告归档管理，并落实问题整改。

6.3.4 电厂应按照集团公司《电力技术监督管理办法》及华能电厂安全生产管理体系要求建立完善技术监督评价与考核管理标准，明确各项评价内容和考核标准。

6.3.5 电厂应每年按附录 I，组织安排继电保护监督工作开展情况的自我评价，根据评价情况对相关部门和责任人开展技术监督考核工作。

附 录 A
（规范性附录）
继电保护及安全自动装置动作信息归档清单及要求

<table>
<tr><th rowspan="2">序号</th><th rowspan="2">归档清单</th><th colspan="2">格 式 要 求</th><th rowspan="2">时间要求</th></tr>
<tr><th>文档类型</th><th>文档要求</th></tr>
<tr><td rowspan="2">1</td><td rowspan="2">保护设备打印的动作（故障）报告</td><td>扫描的 pdf 文件或 jpg 文件</td><td>扫描颜色宜选用灰度或黑白</td><td rowspan="2">跳闸后 3h 内</td></tr>
<tr><td>数码照片 jpg 文件</td><td>数码照片的取景实物范围应不超过 A4 纸大小，画面的故障（动作）报告应平整、清晰</td></tr>
<tr><td>2</td><td>保护及录波器的故障录波文件</td><td>录波原始文件</td><td></td><td>跳闸后 3h 内</td></tr>
<tr><td>3</td><td>一、二次设备检查情况</td><td>一、二次设备故障现场的数码照片 jpg</td><td>照片应能清晰分辨故障位置及设备损坏情况，引起保护不正确动作相关保护装置及二次回路，并附上相应说明</td><td>厂内故障查明后 2h 内（继保人员）</td></tr>
<tr><td>4</td><td>保护动作分析报告</td><td>Word 文档</td><td>保护动作后，应编写保护动作分析报告，并提供系统接线方式和相应录波分析图，叙述保护动作的过程</td><td>初步分析报告 24h 内，正式报告通常应在事故原因查清后 1 个工作日内</td></tr>
</table>

附 录 B
（规范性附录）
技术监督不符合项通知单

编号（No）：××-××-××

发现部门：　　　专业：　　　被通知部门、班组：　　　签发：　　　日期：20××年××月××日

不符合项描述	1. 不符合项描述： 2. 不符合标准或规程条款说明：
整改措施	3. 整改措施： 制订人/日期：　　　审核人/日期：
整改验收情况	4. 整改自查验收评价： 整改人/日期：　　　自查验收人/日期：
复查验收评价	5. 复查验收评价： 复查验收人/日期：
改进建议	6. 对此类不符合项的改进建议： 建议提出人/日期：
不符合项关闭	整改人：　　　自查验收人：　　　复查验收人：　　　签发人：
编号说明	年份+专业代码+本专业不符合项顺序号

附 录 C
（规范性附录）
技术监督信息速报

<table>
<tr><td>单位名称</td><td colspan="3"></td></tr>
<tr><td>设备名称</td><td></td><td>事件发生时间</td><td></td></tr>
<tr><td>事件概况</td><td colspan="3">注：有照片时应附照片说明。</td></tr>
<tr><td>原因分析</td><td colspan="3"></td></tr>
<tr><td>已采取的措施</td><td colspan="3"></td></tr>
<tr><td>监督专责人签字</td><td></td><td>联系电话：
传　　真：</td><td></td></tr>
<tr><td>生长副厂长或总工程师签字</td><td></td><td>邮　　箱：</td><td></td></tr>
</table>

附 录 D
（规范性附录）
继电保护技术监督季报编写格式

××电厂20××年×季度继电保护技术监督季报
编写人：×××　固定电话/手机：××××××
审核人：×××
批准人：×××
上报时间：20××年×月×日

D.1 上季度集团公司督办事宜的落实或整改情况

D.2 上季度产业（区域）公司督办事宜的落实或整改情况

D.3 继电保护监督年度工作计划完成情况统计报表（见表D.1）

表D.1 年度技术监督工作计划和技术监督服务单位合同项目完成情况统计报表

发电厂技术监督计划完成情况			技术监督服务单位合同工作项目完成情况		
年度计划项目数	截至本季度完成项目数	完成率%	合同规定的工作项目数	截至本季度完成项目数	完成率%

D.4 继电保护监督考核指标完成情况统计报表

D.4.1 监督管理考核指标报表

监督指标上报说明：每年的1、2、3季度所上报的技术监督指标为季度指标；每年的4季度所上报的技术监督指标为全年指标。

20××年×季度仪表校验率统计报表，见表D.2，技术监督预警问题至本季度整改完成情况统计报表，见表D.3，集团公司技术监督动态检查提出问题本季度整改完成情况统计报表，见表D.4。

表D.2 20××年×季度仪表校验率统计报表

年度计划应校验仪表台数	截至本季度完成校验仪表台数	仪表校验率%	考核或标杆值%
			100

表D.3 技术监督预警问题至本季度整改完成情况统计报表

一级预警问题			二级预警问题			三级预警问题		
问题项数	完成项数	完成率%	问题项数	完成项数	完成率%	问题项目	完成项数	完成率%

表 D.4　集团公司技术监督动态检查提出问题本季度整改完成情况统计报表

检查年度	检查提出问题项目数（项）			电厂已整改完成项目数统计结果			
	严重问题	一般问题	问题项合计	严重问题	一般问题	完成项目数小计	整改完成率 %

D.4.2　技术监督考核指标报表

20××年×季度检验计划完成情况及缺陷消除情况统计报表，见表 D.5；20××年×季度继电保护和安全自动装置正确动作率（录波完好率）统计报表，见表 D.6。

表 D.5　20××年×季度检验计划完成情况及缺陷消除情况统计报表

检验计划完成率			危急缺陷消除统计			严重缺陷消除统计		
计划项数	完成项数	完成率 %	缺陷项数	消除项数	消除率 %	缺陷项数	消除项数	消除率 %

注 1：危急缺陷：设备发生了直接威胁安全运行并需立即处理的继电保护设备缺陷，否则，随时可能造成设备损坏、人身伤亡、大面积停电、火灾等事故。

注 2：严重缺陷：对人身或设备有严重威胁的继电保护设备缺陷，暂时尚能坚持运行但需尽快处理的缺陷

表 D.6　20××年×季度继电保护和安全自动装置正确动作率（录波完好率）统计报表

<table>
<tr><td colspan="2">继电保护装置名称</td><td>动作次数</td><td>不正确动作次数</td><td>正确动作率
%</td></tr>
<tr><td rowspan="4">全部保护装置</td><td>220kV 及以上系统继电保护装置</td><td></td><td></td><td></td></tr>
<tr><td>110kV 及以下系统继电保护装置（不含厂用电系统）</td><td></td><td></td><td></td></tr>
<tr><td>厂用电系统继电保护装装置</td><td></td><td></td><td></td></tr>
<tr><td>合计</td><td></td><td></td><td></td></tr>
<tr><td colspan="2">安全自动装置</td><td></td><td></td><td></td></tr>
<tr><td colspan="2" rowspan="2">故障录波装置</td><td>应启动录波次数</td><td>录波完好次数</td><td>录波完好率
%</td></tr>
<tr><td></td><td></td><td></td></tr>
</table>

注 1：全部保护装置包括：220kV 及以上系统继电保护装置、110kV 及以下系统继电保护装置（不含厂用电系统）以及厂用电系统继电保护装置。

注 2：220kV 及以上系统继电保护装置是指 100MW 及以上发电机、50Mvar 及以上调相机、电压为 220kV 及以上变压器、电抗器、电容器、母线和线路（含电缆）的保护装置、自动重合闸。

注 3：110kV 及以下系统继电保护装置(不含厂用电系统)是指 100MW 以下发电机、50Mvar 以下调相机、接入 110kV 及以下电压的变压器、母线、线路（含电缆）、电抗器、电容器、直接接在发电机–变压器组的高压厂用变压器的继电保护装置及自动重合闸。

注 4：厂用电系统继电保护装置是指高压厂用电系统及低压厂用电系统的厂用馈线、低压厂用变压器、高压电动机及低压电动机等的继电保护装置

20××年×季度继电保护和安全自动装置故障及退出运行情况报表，见表 D.7；20××年×季度继电保护和安全自动装置动作记录报表，见表 D.8。

表 D.7　20××年×季度继电保护和安全自动装置故障及退出运行情况报表

<table>
<tr><th rowspan="2">编号</th><th rowspan="2">保护型号</th><th rowspan="2">保护名称</th><th rowspan="2">制造厂家</th><th colspan="3">装置故障退出运行情况</th></tr>
<tr><th>故障退出时段</th><th>退出运行时间
h</th><th>故障退出原因</th></tr>
<tr><td></td><td></td><td></td><td></td><td></td><td></td><td></td></tr>
</table>

表 D.8　20××年×季度继电保护和安全自动装置动作记录报表

<table>
<tr><th rowspan="2">编号</th><th rowspan="2">时间</th><th rowspan="2">保护安装地点</th><th rowspan="2">电压等级
kV</th><th rowspan="2">故障及保护动作情况简述</th><th rowspan="2">被保护设备名称</th><th rowspan="2">保护生产厂家及型号</th><th rowspan="2">保护版本号</th><th colspan="3">装置动作评价</th><th rowspan="2">不正确动作责任分析</th><th rowspan="2">责任部门</th><th colspan="2">故障录波装置</th></tr>
<tr><th>正确次数</th><th>误动次数</th><th>拒动次数</th><th>应启动录波次数</th><th>录波完好次数</th></tr>
<tr><td>1</td><td></td><td></td><td></td><td></td><td></td><td></td><td></td><td></td><td></td><td></td><td></td><td></td><td></td><td></td></tr>
<tr><td>2</td><td></td><td></td><td></td><td></td><td></td><td></td><td></td><td></td><td></td><td></td><td></td><td></td><td></td><td></td></tr>
<tr><td>3</td><td></td><td></td><td></td><td></td><td></td><td></td><td></td><td></td><td></td><td></td><td></td><td></td><td></td><td></td></tr>
<tr><td>⋮</td><td></td><td></td><td></td><td></td><td></td><td></td><td></td><td></td><td></td><td></td><td></td><td></td><td></td><td></td></tr>
</table>

D.4.3　技术监督考核指标简要分析

填报说明：分析指标未达标的原因。

D.5　本季度主要的继电保护监督工作

填报说明：简述继电保护监督管理、运行、检修、更改等工作和设备遗留缺陷的跟踪情况。

D.6　本季度继电保护装置发现的危急缺陷及严重缺陷分析与处理情况（见表 D.9）

表 D.9　20××年×季度继电保护装置危急缺陷及严重缺陷统计报表

<table>
<tr><th>序号</th><th>机组</th><th>检出日期</th><th>缺陷简述</th><th>原因分析</th><th>处理情况</th><th>缺陷性质</th></tr>
<tr><td></td><td></td><td></td><td></td><td></td><td></td><td></td></tr>
<tr><td></td><td></td><td></td><td></td><td></td><td></td><td></td></tr>
<tr><td></td><td></td><td></td><td></td><td></td><td></td><td></td></tr>
<tr><td colspan="7">注 1：缺陷性质是指属于严重缺陷还是危急缺陷。
注 2：至填报时，尚未消除的缺陷应继续填报最新的缺陷情况，直到消缺为止</td></tr>
</table>

D.7　本季度继电保护监督发现的问题、原因及处理情况

填报说明：包括继电保护监督管理、运行、检修、更改等工作中发现的问题以及发生的设备一般事故和障碍等。必要时应提供照片、数据和曲线。

D.8　继电保护监督下季度的主要工作

D.9　附表

华能集团公司技术监督动态检查专业提出问题至本季度整改完成情况，见表 D.10。《华能集团公司

火电技术监督报告》专业提出的存在问题至本季度整改完成情况，见表 D.11。技术监督预警问题至本季度整改完成情况，见表 D.12。

表 D.10　华能集团公司技术监督动态检查专业提出问题至本季度整改完成情况

序号	问题描述	问题性质	西安热工院提出的整改建议	电厂制定的整改措施和计划完成时间	目前整改状态或情况说明
注 1：填报此表时需要注明集团公司技术监督动态检查的年度。 注 2：如 4 年内开展了 2 次检查，应按此表分别填报。待年度检查问题全部整改完毕后，不再填报					

表 D.11　《华能集团公司火电技术监督报告》专业提出的存在问题至本季度整改完成情况

序号	问题描述	问题性质	问题分析	解决问题的措施及建议	目前整改状态或情况说明

表 D.12　技术监督预警问题至本季度整改完成情况

预警通知单编号	预警类别	问　题　描　述	西安热工院提出的整改建议	电厂制定的整改措施和计划完成时间	目前整改状态或情况说明

附 录 E
（规范性附录）
继电保护技术监督预警项目

E.1 一级预警

a） 继电保护问题引起机组停运或严重设备损坏事件谎报或者瞒报。
b） 由于继电保护不正确动作导致严重设备事故。
c） 二级预警后未按期完成整改任务。

E.2 二级预警

a） 对继电保护问题引起机组停运或严重设备损坏事件迟报或者漏报。
b） 对继电保护不正确动作造成机组停运事件未认真查明原因，造成同类事件重复发生。
c） 三级预警后未按期完成整改任务。

E.3 三级预警

a） 未全面开展发电机–变压器组及厂用系统继电保护整定计算，无正式的继电保护整定计算报告。
b） 新机组投运后未全面开展竣工图纸与现场实际核对工作，无图实核对情况记录。
c） 现场检查发现继电保护装置实际整定值与正式下发的定值通知单不相一致。
d） 继电保护及安全自动装置运行中频繁发生异常告警、故障退出现象。
e） 未结合本单位实际情况制定具体的继电保护反事故措施执行计划并逐步落实。
f） 继电保护及安全自动装置的定期检验超周期 2 年或 1/2 周期（取大值）。
g） 继电保护超期服役，未制定更新改造计划。
h） 蓄电池组容量达不到额定容量的 80%以上仍长期使用，未制定更换计划。

附　录　F
（规范性附录）
技术监督预警通知单

通知单编号：T-　　　　　　　　　　预警类别编号：　　　　　　　　　　日期：　　　年　　月　　日

<table>
<tr><td colspan="2">发电企业名称</td><td colspan="3"></td></tr>
<tr><td colspan="2">设备（系统）名称及编号</td><td colspan="3"></td></tr>
<tr><td>异常情况</td><td colspan="4"></td></tr>
<tr><td>可能造成或
已造成的后果</td><td colspan="4"></td></tr>
<tr><td>整改建议</td><td colspan="4"></td></tr>
<tr><td>整改时间要求</td><td colspan="4"></td></tr>
<tr><td>提出单位</td><td colspan="2"></td><td>签发人</td><td></td></tr>
</table>

注：通知单编号：T-预警类别编号-顺序号-年度。预警类别编号：一级预警为1，二级预警为2，三级预警为3。

附　录　G
（规范性附录）
技术监督预警验收单

验收单编号：Y-　　　　　　　　预警类别编号：　　　　　　　　日期：　　年　　月　　日

<table>
<tr><td colspan="2">发电企业名称</td><td colspan="2"></td></tr>
<tr><td colspan="2">设备（系统）名称及编号</td><td colspan="2"></td></tr>
<tr><td>异常情况</td><td colspan="3"></td></tr>
<tr><td>技术监督
服务单位
整改建议</td><td colspan="3"></td></tr>
<tr><td>整改计划</td><td colspan="3"></td></tr>
<tr><td>整改结果</td><td colspan="3"></td></tr>
<tr><td>验收单位</td><td></td><td>验收人</td><td></td></tr>
</table>

注：验收单编号：Y–预警类别编号–顺序号–年度。预警类别编号：一级预警为1，二级预警为2，三级预警为3。

附 录 H
（规范性附录）
技术监督动态检查问题整改计划书

H.1 概述

H.1.1 叙述计划的制订过程（包括西安热工研究院、技术监督服务单位及电厂参加人等）；

H.1.2 需要说明的问题，如：问题的整改需要较大资金投入或需要较长时间才能完成整改的问题说明。

H.2 重要问题整改计划表

重要问题整改计划表，见表 H.1。

表 H.1 重要问题整改计划表

序号	问题描述	专业	监督单位提出的整改建议	电厂制定的整改措施和计划完成时间	电厂责任人	监督单位责任人	备 注

H.3 一般问题整改计划表

一般问题整改计划表，见表 H.2。

表 H.2 一般问题整改计划表

序号	问题描述	专业	监督单位提出的整改建议	电厂制定的整改措施和计划完成时间	电厂责任人	监督单位责任人	备 注

附 录 I
（规范性附录）
继电保护技术监督工作评价表

序号	评价项目	标准分	评价内容与要求	评分标准
1	监督管理	400		
1.1	组织与职责	50		
1.1.1	监督组织机构	10	应建立健全由生产副厂长（总工程师）领导下的继电保护技术监督三级管理网，在归口职能管理部门设置继电保护技术监督专责人；应根据人员变动情况及时调整技术监督网络成员	检查电厂正式下发的技术监督网络文件： （1）无正式下发文件扣 10 分； （2）有正式下发文件但网络设置不完善扣 5 分，人员变动后技术监督网络未及时调整扣 5 分，扣完为止
1.1.2	职责分工与落实	10	继电保护技术监督网络各级成员岗位职责明确、落实到人，技术监督工作开展顺畅、有效	检查《继电保护及安全自动装置监督管理标准》规定的各级监督人员职责，结合具体工作验证各级成员职责落实情况： （1）《继电保护及安全自动装置监督管理标准》中职责规定不明确扣 10 分； （2）由于网络成员实际职责未有效落实，影响技术监督工作顺畅、有效开展的，酌情扣分；扣完为止
1.1.3	监督专责人持证上岗	30	继电保护技术监督专责人应持有中国华能集团公司颁发的《电力技术监督资格证书》	检查《电力技术监督资格证书》，未取得《电力技术监督资格证书》或超过有效期扣 30 分
1.2	标准符合性	80		
1.2.1	监督管理标准	30		
1.2.1.1	集团公司《电力技术监督管理办法》	5	应持有正式下发的集团公司《电力技术监督管理办法》	无正式下发的《电力技术监督管理办法》文件扣 5 分
1.2.1.2	本单位《继电保护及安全自动装置监督管理标准》	15	应编制本单位《继电保护及安全自动装置监督管理标准》，编写的内容、格式应符合《华能电厂安全生产管理体系要求》和《华能电厂安全生产管理体系管理标准编制导则》以及国家、行业法律、法规、标准和集团公司《电力技术监督管理办法》相关的要求，并符合电厂实际情况	（1）无正式颁发的《继电保护及安全自动装置监督管理标准》（以下简称《管理标准》）扣 15 分； （2）《管理标准》编写格式不符合要求酌情扣分，不超过 5 分；《管理标准》控制点及其内容不满足要求酌情扣分，不超过 10 分；扣完为止

表（续）

序号	评价项目	标准分	评价内容与要求	评分标准
1.2.1.3	继电保护监督应建立的支持性管理文件： （1）《继电保护及安全自动装置检验管理规定》； （2）《继电保护及安全自动装置定值管理规定》； （3）《微机保护软件管理规定》； （4）《继电保护装置投退管理规定》； （5）《继电保护反事故措施管理规定》； （6）《继电保护图纸管理规定》； （7）《故障录波装置管理规定》； （8）《继电保护及安全自动装置巡回检查管理规定》； （9）《继电保护及安全自动装置现场保安工作管理规定》； （10）《继电保护试验仪器、仪表管理规定》	10	继电保护监督相关管理文件应建立齐全，内容应完善	（1）未编制相关管理文件扣10分； （2）管理文件不齐全扣5分； （3）管理文件内容不完善酌情扣分，不超过5分
1.2.2	监督技术标准	50		
1.2.2.1	继电保护监督相关国家、行业标准以及华能集团公司企业标准、国家电网公司或南方电网公司企业标准	10	应按照集团公司每年下发的《水力发电厂技术监督用标准规范目录》收集齐全，正式印刷版或电子扫描版均可	标准收集不齐全扣10分（部分标准尚未出版的除外）
1.2.2.2	本单位《继电保护及安全自动装置检验规程》	20	《继电保护及安全自动装置检验规程》应编制齐全；《继电保护及安全自动装置检验规程》内容应按照DL/T 995要求进行编写，《继电保护及安全自动装置检验规程》中应有新安装检验、全部检验和部分检验的检验项目表，明确不同检验种类的具体检验项目，检验项目和方法应参考DL/T 995表B.1进行编写	（1）《继电保护及安全自动装置检验规程》不齐全酌情扣分，不超过10分； （2）《继电保护及安全自动装置检验规程》内容编写不符合DL/T 995要求，酌情扣分，不超过10分
1.2.2.3	本单位《继电保护及安全自动装置运行规程》	20	《继电保护及安全自动装置运行规程》应编制齐全，内容应规范	（1）《继电保护及安全自动装置运行规程》不齐全酌情扣分，不超过10分； （2）《继电保护及安全自动装置运行规程》内容不规范酌情扣分，不超过10分
1.3	继电保护试验仪器、仪表	20		
1.3.1	继电保护试验仪器、仪表台账	5	试验仪器、仪表台账内容应齐全、准确，与实际设备相符；台账内容应及时更新（设备台账推荐采用微机管理）	（1）台账不齐全或与实际不相符扣2分； （2）台账内容未及时更新扣3分

表（续）

序号	评价项目	标准分	评价内容与要求	评分标准
1.3.2	继电保护试验仪器、仪表厂家产品说明书及出厂检验报告等	5	试验仪器、仪表技术资料应齐全	技术资料不齐全酌情扣分
1.3.3	继电保护试验仪器、仪表定期检验计划及执行情况	5	试验仪器、仪表应制定定期检验计划并定期检验	（1）未制定定期检验计划扣2分； （2）试验仪器、仪表未定期检验扣3分
1.3.4	继电保护试验仪器、仪表定期检测/校准报告	5	试验仪器、仪表的检测报告应妥善保存，检测报告的检测项目应规范	（1）定期检测报告不齐全扣3分； （2）检测项目不规范扣2分
1.4	监督计划	20		
1.4.1	继电保护技术监督工作计划制订	10	计划制订时间，依据符合要求；计划内容应包括：健全继电保护技术监督组织机构；监督标准、相关技术文件制订或修订；定期工作计划；机组检修期间应开展的技术监督项目计划；试验仪器仪表检验计划；技术监督工作自我评价与外部检查迎检计划；技术监督发现问题的整改计划；人员培训计划（主要包括内部培训、外部培训取证，规程宣贯）；技术监督季报、总结编制、报送计划；网络活动计划	（1）未制订计划扣10分； （2）计划内容不完善酌情扣分，扣完为止
1.4.2	继电保护技术监督工作计划审批	5	计划应按规定的审批工作流程进行审批	未审批扣5分
1.4.3	继电保护技术监督工作计划上报	5	每年11月30日前上报产业公司、区域公司，同时抄送西安热工研究院	未上报扣5分
1.5	监督档案	90		
1.5.1	继电保护及安全自动装置设备台账	10	设备台账管理应符合《设备技术台账管理标准》要求；设备台账内容应齐全、准确，与现场实际设备相符；设备台账内容应及时更新或修订。设备台账推荐采用微机管理	（1）设备台账内容不完善或与现场实际设备不相符扣5分； （2）检查设备台账内容未及时更新或修订扣5分
1.5.2	继电保护及安全自动装置技术图纸资料	25		
1.5.2.1	设计单位移交的电气二次相关竣工图纸（包括竣工原理图、安装图、设计说明、电缆清册等）	10	班组应妥善保存电气专业设计竣工图纸，并编制详细的竣工图纸资料目录清单	（1）无设计单位竣工图纸扣10分； （2）竣工图纸不齐全扣5分； （3）无图纸目录清单扣3分
1.5.2.2	设备异动、更新改造后的相关技术图纸资料	5	设备异动、更新改造后相关技术图纸资料应妥善保存	无资料扣5分，不齐全扣3分
1.5.2.3	本厂编制的电气二次图册	5	应编制本厂的电气二次图册并妥善保存	未编制扣5分，不齐全扣3分

表（续）

序号	评价项目	标准分	评价内容与要求	评分标准
1.5.2.4	制造厂商提供的装置说明书、保护柜（屏）原理图、合格证明和出厂试验报告、保护装置调试大纲等技术资料	5	相关设备出厂技术资料应妥善保存	无资料扣 5 分，不齐全扣 3 分
1.5.3	继电保护及安全自动装置检验报告	10		
1.5.3.1	新安装检验报告（调试报告）	5	报告应保存齐全	无报告扣 5 分，不齐全扣 3 分
1.5.3.2	定期检验报告（包括全部检验和部分检验报告）	5	报告应保存齐全	无报告扣 5 分，不齐全扣 3 分
1.5.4	继电保护及安全自动装置定值资料	20		
1.5.4.1	调度部门每年下发的系统阻抗	5	每年下发的系统阻抗应妥善保管	无资料扣 5 分，不齐全扣 3 分
1.5.4.2	继电保护整定计算报告	5	继电保护整定计算报告应设置专门文件夹妥善保管	无资料扣 5 分，不齐全扣 3 分
1.5.4.3	继电保护定值通知单	5	全厂最新继电保护定值通知单应设置专门文件夹妥善保管	无资料扣 5 分，不齐全扣 3 分
1.5.4.4	装置打印的定值清单	5	最新从装置打印的定值清单应设置专门文件夹妥善保管	无资料扣 5 分，不齐全扣 3 分
1.5.5	直流系统相关技术资料	15		
1.5.5.1	蓄电池厂家产品使用说明书、产品合格证明书以及充、放电试验报告；充电装置、绝缘监察装置、微机监控装置的厂家产品使用说明书、电气原理图和接线图、产品合格证明书以及出厂检验报告等	5	相关设备出厂技术资料应妥善保存	无资料扣 5 分，不齐全扣 3 分
1.5.5.2	蓄电池组、充电装置绝缘监察装置、微机监控装置等的新安装及定期试验报告	5	相关试验报告应妥善保存	无资料扣 5 分，不齐全扣 3 分
1.5.5.3	直流系统熔断器、断路器上下级配置统计表	5	应编制直流系统熔断器、断路器上下级配置统计表，并妥善保存	无资料扣 5 分，不齐全扣 3 分
1.5.6	其他技术资料： （1）继电保护、安全自动装置的定期检验计划及执行情况； （2）继电保护及安全自动装置动作信号的含义说明；	10	相关资料应妥善保存	缺一项扣 3 分，一项内容不齐全扣 2 分，扣完为止

表（续）

序号	评价项目	标准分	评价内容与要求	评分标准
1.5.6	（3）继电保护及安全自动装置及二次回路改进说明，包括改进原因、批准人、执行人和改进日期； （4）经安监部门备案的继电保护和安全自动装置安全措施票； （5）上级单位及电网公司颁发的继电保护相关通知文件、反事故措施等技术资料及其执行情况，等等	10	相关资料应妥善保存	
1.6	评价与考核	30		
1.6.1	技术监督动态检查前自我检查	10	电厂应在集团公司技术监督现场评价实施前按《水力发电厂继电保护监督工作评价表》进行自查，编写自查报告	（1）无自查报告扣10分； （2）自查报告编写不认真酌情扣分
1.6.2	技术监督定期自我评价	10	电厂应每年按《火力发电厂继电保护监督工作评价表》，组织安排继电保护监督工作开展情况的自我评价，并按集团公司《电力技术监督管理办法》要求编写自查报告	（1）未定期对技术监督工作进行自我评价扣10分； （2）自查报告编写不认真酌情扣分
1.6.3	技术监督定期工作会议	5	电厂应每年召开两次技术监督工作会议，检查、布置、总结技术监督工作	（1）未组织召开技术监督工作会议扣5分； （2）无会议纪要扣2分
1.6.4	技术监督工作考核	5	对严重违反技术监督管理标准、由于技术监督不当或监督项目缺失、降低监督标准而造成严重后果的，应按照《管理标准》的“考核标准”给予考核	未按照“考核标准”给予考核扣5分
1.7	工作报告制度	50		
1.7.1	技术监督季报、年报	20	每季度首月5日前，应将技术监督季报报送产业公司、区域公司和西安热工研究院；格式和内容符合要求	查阅检查之日前两个季度季报： （1）技术监督季报未按时上报扣10分； （2）季报格式、内容不正确扣10分
1.7.2	技术监督速报	20	应按规定格式和内容编写技术监督速报并及时上报	查阅检查之日前两个季度速报事件及上报时间： （1）发生继电保护误动、拒动事件未上报扣20分； （2）技术监督速报未按时上报扣10分； （3）格式不正确扣10分
1.7.3	年度技术监督工作总结	10	每年元月5日前组织完成上年度技术监督工作总结报告的编写工作，并将总结报告报送产业公司、区域公司和西安热工研究院；格式和内容符合要求	查阅技术监督工作总结： （1）未按时上报扣5分； （2）格式、内容不符合要求扣5分

表（续）

序号	评价项目	标准分	评价内容与要求	评分标准
1.8	监督考核指标	60		
1.8.1	监督管理考核指标	30		
1.8.1.1	监督预警问题、季度问题整改完成率	15	整改完成率达到100%	指标未达标不得分
1.8.1.2	动态检查存在问题整改完成率	15	从发电企业收到动态检查报告之日起：第1年整改完成率不低于85%，第2年整改完成率不低于95%	指标未达标不得分
1.8.2	继电保护监督考核指标	30		
1.8.2.1	继电保护不正确动作造成设备事故和一类障碍	10	上年度及本年度至今不发生因继电保护不正确动作造成的设备事故和一类障碍	发生因继电保护不正确动作造成的设备事故和一类障碍不得分
1.8.2.2	全部保护装置正确动作率	10	上年度全部保护装置正确动作率应达到100%	正确动作率低于100%扣10分
1.8.2.3	安全自动装置正确动作率	5	上年度安全自动装置正确动作率应达到100%	正确动作率低于100%扣5分
1.8.2.4	录波完好率	5	上年度录波完好率应达到100%	录波完好率低于100%扣5分
2	技术监督实施过程	600		
2.1	工程设计、选型阶段	165		
2.1.1	继电保护双重化配置	25		
2.1.1.1	重要电气设备的继电保护双重化配置	15	100MW及以上容量发电机–变压器组、220kV及以上电压等级母线保护、线路保护、变压器保护、高压电抗器保护等应按双重化配置	查阅设计图纸并询问实际情况，有一套保护装置不符合要求扣5分，扣完为止
2.1.1.2	继电保护双重化配置的基本要求	10	双重化配置的继电保护应满足以下基本要求： （1）两套保护装置的交流电流应分别取自电流互感器互相独立的绕组，交流电压宜分别取自电压互感器互相独立的绕组。其保护范围应交叉重叠，避免死区。 （2）两套保护装置的直流电源应取自不同蓄电池组供电的直流母线段。 （3）两套保护装置的跳闸回路应与断路器的两个跳闸线圈分别一一对应。 （4）两套保护装置与其他保护、设备配合的回路应遵循相互独立的原则。 （5）每套完整、独立的保护装置应能处理可能发生的所有类型的故障。两套保护之间不应有任何电气联系，当一套保护退出时不应影响另一套保护的运行。	查阅设计图纸并询问实际情况，有一项不符合要求扣2分，扣完为止

表（续）

序号	评价项目	标准分	评价内容与要求	评分标准
2.1.1.2	继电保护双重化配置的基本要求	10	（6）线路纵联保护的通道（含光纤、微波、载波等通道及加工设备和供电电源等）、远方跳闸及就地判别装置应遵循相互独立的原则按双重化配置。 （7）有关断路器的选型应与保护双重化配置相适应，应具备双跳闸线圈机构。 （8）采用双重化配置的两套保护装置宜安装在各自保护柜内，并应充分考虑运行和检修时的安全性	查阅设计图纸并询问实际情况，有一项不符合要求扣 2 分，扣完为止
2.1.2	发电机–变压器组保护、变压器保护	25		
2.1.2.1	发电机–变压器组保护、变压器保护设计与选型	3	发电机保护、主变压器保护、高压厂用变压器保护、励磁变压器保护等的设计应符合 GB/T 14285、NB/T 35010、DL/T 671、DL/T 1309 以及本标准要求	查阅设计图纸并询问实际情况，不符合要求扣 3 分
2.1.2.2	200MW 及以上容量发电机定子接地保护	2	宜将基波零序保护与三次谐波电压保护的出口分开，基波零序保护投跳闸	查阅设计图纸并询问实际情况，不符合要求扣 2 分
2.1.2.3	发电机–变压器组相间故障后备保护	2	设置发电机–变压器组相间故障后备保护时，应将发电机和主变压器的反映相间故障的后备保护合并为一套，取发电机的反映相间短路故障的后备保护作为发电机–变压器组的后备保护	查阅设计图纸并询问实际情况，不符合要求扣 2 分
2.1.2.4	发电机启、停机保护及断路器断口闪络保护	2	查阅设计图纸并询问实际情况，200MW 及以上容量发电机应装设启、停机保护及断路器断口闪络保护	不符合要求扣 2 分
2.1.2.5	发电机失磁保护	2	查阅设计图纸及保护装置厂家技术说明书，发电机的失磁保护应使用能正确区分短路故障和失磁故障的、具有复合判据的二段式方案；优先采用定子阻抗判据与机端低电压的复合判据，与系统联系较紧密的机组宜将定子阻抗判据整定为异步阻抗圆，经第一时限动作出口；为确保各种失磁故障均能够切除，宜使用不经低电压闭锁的、稍长延时的定子阻抗判据经第二时限出口	不符合要求扣 2 分
2.1.2.6	发电机失步保护	2	200MW 及以上容量发电机应配置失步保护；失步保护应能区分振荡中心在发电机–变压器组内部或外部；当发电机振荡电流超过允许的耐受能力时，应解列发电机，并保证断路器断开时的电流不超过断路器允许开断电流	查阅设计图纸及保护装置厂家技术说明书，不符合要求扣 2 分

表（续）

序号	评价项目	标准分	评价内容与要求	评分标准
2.1.2.7	变压器高压侧零序电流保护	2	330kV 及以上电压等级变压器高压侧零序电流保护为两段式，一段带方向，方向指向母线，延时跳开本侧断路器，二段不带方向，延时跳开变压器各侧断路器；220kV 电压等级变压器高压侧零序过电流保护为两段式，第一段带方向，方向可整定，设两个时限，第二段不带方向，延时跳开变压器各侧断路器	查阅设计图纸并询问实际情况，不符合要求扣 2 分
2.1.2.8	发电机–变压器组断路器三相不一致保护	2	发电机–变压器组断路器三相不一致保护功能应由断路器本体机构实现，发电机–变压器组断路器三相不一致时应启动断路器失灵保护，为安全可靠起见，只能采用具有电气量判据的断路器三相不一致保护去启动断路器失灵保护，不能采用断路器本体的三相不一致保护	查阅设计图纸并询问实际情况，不符合要求扣 2 分
2.1.2.9	发电机–变压器组非电量保护	2	发电机–变压器组非电量保护应同时作用于断路器的两个跳闸线圈	查阅设计图纸并询问实际情况，不符合要求扣 2 分
2.1.2.10	发电机–变压器组、变压器非电量保护直跳回路中间继电器	2	作用于跳闸的非电量保护，启动功率应大于 5W，动作电压在额定直流电源电压的 55%～70%范围内，额定直流电源电压下动作时间为 10ms～35ms，加入 220V 工频交流电压不动作	查阅检验报告，不符合要求扣 2 分，未检验扣 2 分
2.1.2.11	保护装置对时接口	2	保护装置应具备使用 RS-485 串行数据通信接口接收 GPS 发出的 IRIG-B（DC）时码的对时接口	查阅设计图纸并询问实际情况，不符合要求扣 2 分
2.1.2.12	保护装置连接片标色	2	保护跳闸出口连接片及与失灵回路相关连接片采用红色，功能连接片采用黄色，连接片底座及其他连接片采用浅驼色；标签应设置在连接片下方	现场实际查看，不符合要求扣 2 分
2.1.3	线路保护、过电压及远方跳闸保护、断路器保护、短引线保护	20		
2.1.3.1	线路保护及辅助装置设计与选型	4	线路保护及辅助装置设计与造型应符合 GB/T 14285、GB/T 15145 以及本标准要求	查阅设计图纸并询问实际情况，不符合要求扣 4 分
2.1.3.2	3/2 断路器接线的线路、过电压及远方跳闸保护、断路器保护、短引线保护配置	3	应符合 DL/T 317 的配置原则和技术原则	查阅设计图纸并询问实际情况，不符合要求扣 3 分
2.1.3.3	3/2 断路器接线“沟通三跳”和重合闸要求	3	3/2 断路器接线的远方跳闸保护、短引线保护应按双重化配置，当需要配置过电压保护时，过电压保护应集成在远方跳闸保护装置中；断路器保护按断路器配置，失灵保护、重合闸、充电过电流、三相不一致和死区保护等功能应集成在断路器保护装置中；3/2 断路器接线“沟通三跳”功能由断路器保护实现；3/2 断路器接线的断路器重合闸，先合断路器重合于永久性故障，两套线路保护均加速动作，发三相跳闸（永久跳闸）命令	查阅设计图纸并询问实际情况，不符合要求扣 3 分

表（续）

序号	评价项目	标准分	评价内容与要求	评分标准
2.1.3.4	双母线接线线路保护、重合闸功能配置	3	应符合 DL/T 317 的配置原则和技术原则	查阅设计图纸并询问实际情况，不符合要求扣 3 分
2.1.3.5	双母线接线重合闸、失灵启动的要求	3	双母线接线每一套线路保护均应含重合闸功能，不采用两套重合闸相互启动和相互闭锁方式；对于含有重合闸功能的线路保护装置，设置“停用重合闸”连接片；线路保护应提供直接启动失灵保护的分相跳闸触点，启动微机型母线保护装置中的断路器失灵保护；双母线接线的断路器失灵保护应采用母线保护中的失灵电流判别功能	查阅设计图纸并询问实际情况，不符合要求扣 3 分
2.1.3.6	保护装置对时接口	2	保护装置应具备使用 RS-485 串行数据通信接口接收 GPS 发出的 IRIG-B（DC）时码的对时接口	查阅设计图纸并询问实际情况，不符合要求扣 2 分
2.1.3.7	保护装置连接片标色	2	保护跳闸出口连接片及与失灵回路相关连接片采用红色，功能连接片采用黄色，连接片底座及其他连接片采用浅驼色；标签应设置在连接片下方	现场实际查看，不符合要求扣 2 分
2.1.4	母线和母联（分段）保护及辅助装置、高压并联电抗器保护	15		
2.1.4.1	母线和母联（分段）保护及辅助装置、高压并联电抗器保护设计与选型	3	母线和母联（分段）保护及辅助装置、高压并联电抗器保护设计与造型应符合 GB/T 14285、NB/T 35010、DL/T 670、DL/T 242 以及本标准要求	查阅设计图纸并询问实际情况，不符合要求扣 3 分
2.1.4.2	3/2 断路器接线、双母线接线母线保护配置	3	应符合 DL/T 317 的配置原则和技术原则	查阅设计图纸并询问实际情况，不符合要求扣 3 分
2.1.4.3	母联（分段）保护及辅助装置配置	3	应符合 DL/T 317 的配置原则和技术原则	查阅设计图纸并询问实际情况，不符合要求扣 3 分
2.1.4.4	高压并联电抗器保护配置	2	应符合 DL/T 317 的配置原则和技术原则	查阅设计图纸并询问实际情况，不符合要求扣 2 分
2.1.4.5	保护装置对时接口	2	保护装置应具备使用 RS-485 串行数据通信接口接收 GPS 发出的 IRIG-B（DC）时码的对时接口	查阅设计图纸并询问实际情况，不符合要求扣 2 分
2.1.4.6	保护装置连接片标色	2	保护跳闸出口连接片及与失灵回路相关连接片采用红色，功能连接片采用黄色，连接片底座及其他连接片采用浅驼色；标签应设置在连接片下方	现场实际查看，不符合要求扣 2 分
2.1.5	厂用电系统保护 厂用电系统保护设计与选型	10	厂用系统保护设计与选型应符合 GB/T 50062、GB/T 14285、NB/T 35010、DL/T 1075、GB/T 14598.303、DL/T 744 以及本标准的要求	查阅设计图纸并询问实际情况，有一项不符合要求扣 2 分，扣完为止

表（续）

序号	评价项目	标准分	评价内容与要求	评分标准
2.1.6	故障录波装置	10		
2.1.6.1	故障录波装置的配置	3	100MW及以上容量发电机–变压器组应配置专用故障录波器，110kV及以上升压站、启动备用电源变压器应装设专用故障录波器，110kV及以上配电装置按电压等级配置故障录波器	查阅设计图纸并询问实际情况，不符合要求扣3分
2.1.6.2	故障录波装置的功能和技术性能	3	故障录波装置的功能和技术性能应符合GB/T 14598.301、DL/T 553的要求	查阅厂家技术说明书，不符合要求扣3分
2.1.6.3	故障录波装置离线分析软件	2	故障录波装置应配置能运行于常用操作系统下的离线分析软件，可对装置记录的连续录波数据进行离线的综合分析	了解实际情况，不符合要求扣2分
2.1.6.4	故障录波装置对时接口	2	故障录波器应具有接受外部时钟同步对时信号的接口，与外部标准时钟同步后，装置的时间同步准确度要求优于1ms，可使用的时间同步信号为IRIG-B（DC）或1PPS/1PPM+串口对时报文，推荐使用RS-485串行数据通信接口接受GPS发出的IRIG-B(DC)时码	查阅设计图纸并了解实际情况，不符合要求扣2分
2.1.7	安全自动装置 厂站安全稳定控制装置、同步相量测量装置、厂用电源快速切换装置、同期装置、备用电源自动投入装置等	10	厂站安全稳定控制装置、同步相量测量装置、厂用电源快速切换装置、同期装置、备用电源自动投入装置等的设计与配置应满足相关标准的要求	查阅设计图纸并了解实际情况，有一项不符合要求扣2分，扣完为止
2.1.8	时间同步系统	10		
2.1.8.1	发电厂时间同步系统设计	5	发电厂应统一配置一套时间同步系统；发电厂时间同步系统主时钟可设在网络继电器室，也可设在单元机组电子设备间内	查阅设计图纸并了解实际情况，不符合要求扣5分
2.1.8.2	时间同步系统配置及功能要求	5	单机容量300MW及以上的发电厂及有条件的场合宜采用主备式时间同步系统，以提高时间同步系统的可靠性；主备式时间同步系统如采用两路无线授时基准信号，宜选用不同的授时源，例如，同时采用北斗卫星导航系统和全球定值系统；时间同步系统应符合DL/T 1100.1的要求	查阅设计图纸并了解实际情况，不符合要求扣5分
2.1.9	继电保护及故障信息管理系统子站	10		
2.1.9.1	继电保护及故障信息管理系统子站设计	5	新建电厂及扩建工程新建部分宜配置继电保护及故障信息管理系统子站	查阅设计图纸并了解实际情况，未设计扣5分

表（续）

序号	评价项目	标准分	评价内容与要求	评分标准
2.1.9.2	继电保护及故障信息管理子站配置要求	5	继电保护及故障信息管理子站应配置足够的接口并能适应各种类型的微机装置接口，适应不同保护及录波器厂家的各个版本的通信规约，用于采集系统保护、元件保护、故障录波器信息；子站系统宜配置子站工作站，子站工作站的运行应独立于子站主机	查阅设计图纸并了解实际情况，不符合要求扣5分
2.1.10	直流电源系统	20		
2.1.10.1	主厂房蓄电池组配置	3	容量为100MW及以上的发电机组应装设2组蓄电池组；容量为300MW级机组的发电厂，每台机组宜装设3组蓄电池，其中2组对控制负荷供电，另一组对动力负荷供电，或装设2组蓄电池（控制负荷和动力负荷合并供电）；容量为600MW及以上机组的发电厂，每台机组应装设3组蓄电池，其中2组对控制负荷供电，另一组对动力负荷供电	查阅设计图纸并了解实际情况，不符合要求扣3分
2.1.10.2	升压站网控系统蓄电池组配置	3	330kV 及以上电压等级升压站及重要的220kV升压站，应设置2组蓄电池组对控制负荷和动力负荷供电，其他情况的升压站可装设1组蓄电池	查阅设计图纸并了解实际情况，不符合要求扣3分
2.1.10.3	直流系统充电装置配置	3	1组蓄电池采用高频开关充电装置时，宜配置1套充电装置，也可配置2套充电装置；2组蓄电池采用高频开关充电装置时，应配置2套充电装置，也可配置3套充电装置；330kV 及以上电压等级升压站及重要的220kV升压站2组蓄电池应配置3套高频开关充电装置	查阅设计图纸并了解实际情况，不符合要求扣3分
2.1.10.4	直流系统供电网络	3	发电厂直流系统的馈出网络应采用辐射状供电方式，严禁采用环状供电方式；直流系统对负载供电，应按电压等级设置分电屏供电方式，不应采用直流小母线供电方式	查阅设计图纸并了解实际情况，不符合要求扣3分
2.1.10.5	直流系统断路器配置	2	新建、扩建或改造的电厂直流系统用断路器应采用具有自动脱扣功能的直流断路器，严禁使用普通交流断路器；除蓄电池组出口总熔断器以外，应逐步将现有运行的熔断器更换为直流专用断路器	查阅设计图纸并了解实际情况，不符合要求扣2分
2.1.10.6	直流系统熔断器、断路器级差配合	2	蓄电池组出口总熔断器与直流断路器以及直流断路器上、下级的级差配合应合理，满足选择性要求	查阅直流系统熔断器、断路器上下级配置统计表，不符合要求扣2分
2.1.10.7	直流系统电缆	2	直流系统的电缆应采用阻燃电缆	查阅电缆清册并了解实际情况，不符合要求扣2分

表（续）

序号	评价项目	标准分	评价内容与要求	评分标准
2.1.10.8	直流系统绝缘监测装置	2	新建或改造的电厂直流系统绝缘监测装置应具备交流窜直流故障的测记和报警功能。原有的直流系统绝缘监测装置，应逐步进行改造，使其具备交流窜直流故障的测记和报警功能	查阅绝缘监测装置检测报告，不符合要求扣2分
2.1.11	相关回路及设备	10		
2.1.11.1	保护用电流互感器、电压互感器的配置、选择	5	保护用电流互感器、电压互感器的配置、选择应符合DL/T 866的要求	查阅设计图纸及资料并了解实际情况，不符合要求扣5分
2.1.11.2	电流互感器、电压互感器的安全接地设计	3	电流互感器、电压互感器的安全接地设计应符合GB/T 14285及相关继电保护反事故措施要求	查阅设计图纸及资料并了解实际情况，不符合要求扣3分
2.1.11.3	继电保护等电位接地网设计	2	应有继电保护等电位接地网的设计图纸，等电位接地网设计应符合GB/T 14285及相关继电保护反事故措施要求	查阅设计图纸，无设计图纸扣2分
2.2	安装、调试、验收阶段	100		
2.2.1	继电保护及安全自动装置	40		
2.2.1.1	纵联距离（方向）保护、纵联电流差动保护新安装检验	5	新安装检验项目应符合DL/T 995的要求	查阅电气专业调试报告： （1）无报告扣5分，报告不全酌情扣； （2）发现检验项目一处不规范扣2分，扣完为止
2.2.1.2	断路器保护新安装检验	3	新安装检验项目应符合DL/T 995的要求	查阅电气专业调试报告： （1）无报告扣3分，报告不全酌情扣； （2）发现检验项目一处不规范扣1分，扣完为止
2.2.1.3	过电压及远方跳闸保护新安装检验	3	新安装检验项目应符合DL/T 995的要求	查阅电气专业调试报告： （1）无报告扣3分，报告不全酌情扣； （2）发现检验项目一处不规范扣1分，扣完为止
2.2.1.4	短引线保护新安装检验	3	新安装检验项目应符合DL/T 995的要求	查阅电气专业调试报告： （1）无报告扣3分，报告不全酌情扣； （2）发现检验项目一处不规范扣1分，扣完为止
2.2.1.5	母线保护新安装检验	5	新安装检验项目应符合DL/T 995的要求	查阅电气专业调试报告： （1）无报告扣5分，报告不全酌情扣； （2）发现检验项目一处不规范扣2分，扣完为止
2.2.1.6	母联（分段）保护新安装检验	3	新安装检验项目应符合DL/T 995的要求	查阅电气专业调试报告： （1）无报告扣3分，报告不全酌情扣； （2）发现检验项目一处不规范扣1分，扣完为止

表（续）

序号	评价项目	标准分	评价内容与要求	评分标准
2.2.1.7	变压器保护新安装检验	5	新安装检验项目应符合 DL/T 995 的要求	查阅电气专业调试报告： （1）无报告扣 5 分，报告不全酌情扣； （2）发现检验项目一处不规范扣 2 分，扣完为止
2.2.1.8	发电机–变压器组保护新安装检验	5	新安装检验项目应符合 DL/T 995 的要求	查阅电气专业调试报告： （1）无报告扣 5 分，报告不全酌情扣； （2）发现检验项目一处不规范扣 2 分，扣完为止
2.2.1.9	高压电动机保护、低压厂用变压器保护、高压厂用馈线保护等新安装检验	3	新安装检验项目应符合 DL/T 995 的要求	查阅电气专业调试报告： （1）无报告扣 3 分，报告不全酌情扣； （2）发现检验项目一处不规范扣 1 分，扣完为止
2.2.1.10	故障录波器以及同期装置、厂用电源快速切换装置、同步相量测量装置、安全稳定控制装置等自动装置新安装检验	5	新安装检验项目应符合 DL/T 995 的要求	查阅电气专业调试报告： （1）无报告扣 5 分，报告不全酌情扣； （2）发现检验项目一处不规范扣 1 分，扣完为止
2.2.2	直流电源系统	20		
2.2.2.1	蓄电池电缆铺设要求	2	直流系统两组蓄电池的电缆应分别铺设在各自独立的通道内，尽量避免与交流电缆并排铺设，在穿越电缆竖井时，两组蓄电池电缆应加穿金属套管	现场实际查看（抽查），发现不符合要求扣 2 分
2.2.2.2	蓄电池室要求	3	蓄电池室应采用防爆型灯具、通风电机，室内照明线应采用穿管暗敷，室内不得装设开关和插座；蓄电池组的每个蓄电池应在外表面用耐酸材料标明编号；蓄电池室内的窗玻璃应采用毛玻璃或涂以半透明油漆的玻璃，阳光不应直射室内；蓄电池室的门应向外开启	现场实际查看（抽查），发现一处不符合要求扣 1 分，扣完为止
2.2.2.3	新安装蓄电池组容量测试	5	新安装的阀控蓄电池完全充电后开路静置 24h，分别测量和记录每只蓄电池的开路电压，开路电压最高值和最低值的差值不得超过 20mV（标称电压 2V）、50mV（标称电压 6V）、100mV（标称电压 12V）；蓄电池 10h 率容量测试第一次循环不应低于 $0.95C_{10}$，在第三次循环内应达到 $1.0C_{10}$	查阅新安装蓄电池的开路电压测试和容量测试报告： （1）无报告扣 5 分，报告不全酌情扣； （2）测试结果不符合要求扣 5 分，扣完为止
2.2.2.4	高频开关电源充电装置稳压精度、稳流精度及纹波系数测试	5	高频开关电源模块型充电装置在验收时当交流输入电压为（85%～115%）额定值及规定的范围内，稳压精度、稳流精度及纹波系数不应超过：稳压精度±0.5%、稳流精度±1%、纹波有效值系数 0.5%、纹波峰值系数 1%	查阅充电装置验收试验报告： （1）无报告扣 5 分，报告不全酌情扣； （2）测试结果不符合要求扣 5 分，扣完为止

表（续）

序号	评价项目	标准分	评价内容与要求	评分标准
2.2.2.5	直流系统监控装置充电运行过程特性试验	5	直流系统监控装置在验收时应进行充电运行过程特性试验，包括充电程序试验、长期运行程序试验、交流中断程序试验	查阅监控装置验收试验报告： （1）无报告扣5分，报告不全酌情扣； （2）测试结果不符合要求扣5分，扣完为止
2.2.3	电流互感器	30		
2.2.3.1	P类、TP类保护用电流互感器现场励磁特性试验	10	P类、TP类保护用电流互感器应进行现场励磁特性试验（P类电流互感器包括励磁特性曲线测量、二次绕组电阻测量、额定拐点电动势测量、复合误差测量等测试项目，TP类电流互感器包括励磁特性曲线测量、二次绕组电阻测量、额定拐点电动势测量、额定暂态面积系数测量、峰值瞬时误差测量、二次时间常数测量、剩磁系数测量等测试项目）及二次回路阻抗测量	查阅试验报告： （1）升压站、发电机–变压器组、高压厂用系统保护用电流互感器未全面进行现场励磁特性试验酌情扣分，不超过7分； （2）保护用电流互感器现场励磁特性试验项目不规范扣3分
2.2.3.2	P类、TP类保护用电流互感器误差特性校核	10	P类、TP类保护用电流互感器应参照DL/T 866的算例进行误差特性校核	查阅校核报告： （1）未编写校核分析报告扣10分； （2）缺部分电流互感器校核分析报告酌情扣，不超过7分； （3）校核分析方法不正确扣3分
2.2.3.3	电流互感器接线极性检测	10	应检测全厂电流互感器（包括保护、测量、计量用电流互感器）接线极性，绘制全厂电流互感器极性图	未绘制全厂电流互感器接线极性图扣10分，绘制不全酌情扣
2.2.4	盘、柜装置及二次回路	10		
2.2.4.1	盘、柜进出电缆防火封堵	5	安装调试完毕后，在电缆进出盘、柜的底部或顶部以及电缆管口处应进行防火封堵，封堵应严密	现场实际查看（抽查），发现一处不符合要求扣5分
2.2.4.2	盘、柜二次回路接线	2	每个接线端子的每侧接线宜为1根，不得超过2根；对于插接式端子，不同截面的两根导线不得接在同一端子中	现场实际查看（抽查），发现一处不符合要求扣2分
2.2.4.3	盘、柜接地	3	盘、柜上装置的接地端子连接线、电缆铠装及屏蔽接地线应用黄绿绝缘多股接地铜导线与接地铜排相连	现场实际查看（抽查），发现一处不符合要求扣3分
2.3	运行维护、检修阶段	250		
2.3.1	继电保护动作评价及故障录波分析	15		
2.3.1.1	继电保护和安全自动装置动作记录与分析评价	5	每次继电保护和安全自动装置动作后，应对其动作行为进行记录和分析评价，建立《继电保护和安全自动装置动作记录表》，保存保护装置记录的动作报告	查阅《继电保护和安全自动装置动作记录表》及相关资料： （1）无记录表扣5分； （2）记录不齐全扣2分； （3）保护动作报告不齐全扣2分，扣完为止

表（续）

序号	评价项目	标准分	评价内容与要求	评分标准
2.3.1.2	继电保护和安全自动装置缺陷处理与记录	5	继电保护和安全自动装置发生缺陷，以及因处理缺陷处理或故障而退出运行后，均应进行详细记录，建立《继电保护和安全自动装置缺陷及故障记录表》	查阅《继电保护和安全自动装置缺陷及故障记录表》及相关资料： （1）无记录表扣 5 分； （2）记录不齐全扣 2 分
2.3.1.3	故障录波装置录波文件导出备份与记录	5	故障录波装置在异常工况和故障情况下启动录波后，应检查其录波完好情况，定期导出并备份录波文件，建立《故障录波装置启动记录表》	查阅《故障录波装置启动记录表》及相关录波文件： （1）无记录表扣 5 分； （2）记录不齐全扣 2 分； （3）无相应录波文件扣 5 分； （4）录波文件不齐全扣 2 分，扣完为止
2.3.2	继电保护及安全自动装置定期检验	90		
2.3.2.1	运行中装置的定期检验	10	新安装装置投运后一年内必须进行第一次全部检验，微机型装置每 2 年～4 年进行一次部分检验，每 6 年进行一次全部检验，利用装置进行断路器跳、合闸试验结合机组 C 修或线路检修进行，应编制《继电保护和安全自动装置检验记录》	查阅装置检验计划及检验报告： （1）未编制《继电保护和安全自动装置检验记录》或检验记录未更新扣 5 分； （2）发现有一套装置存在超周期未检验扣 2 分，扣完为止
2.3.2.2	装置检修文件包（或现场标准化作业指导书）	15	装置定期检验（全部检验、部分检验、用装置进行断路器跳合闸试验）应编制检修文件包（或现场标准化作业指导书），检修文件包编写应符合集团公司企业标准《电力检修标准化管理实施导则》的要求，重要和复杂的保护装置应编制继电保护安全措施票	查阅检修文件包（或现场标准化作业指导书）： （1）格式不符合要求扣 5 分； （2）每缺一种保护装置的检修文件包扣 2 分，扣完为止
2.3.2.3	保护装置全部检验及部分检验项目	5	保护装置全部检验及部分检验包括外观及接线检查、绝缘电阻检测、逆变电源检查、通电初步检验、开关量输入输出回路检验、模数变换系统检验、保护的整定及检验、纵联保护通道检验、整组试验等项目	查阅检验报告，检验报告项目漏一项扣 2 分，扣完为止
2.3.2.4	逆变电源检查	3	逆变电源检查应进行直流电源缓慢上升时的自启动性能试验，定期检验时还检查逆变电源是否达到规定的使用年限	查阅检验报告，逆变电源检查不规范扣 3 分
2.3.2.5	通电初步检验	2	通电初步检验应检查并记录装置的软件版本号、校验码等信息，并校对时钟	查阅检验报告，通电初步检验不规范扣 2 分
2.3.2.6	模数变换系统检验	5	模数变换系统检验应检验零点漂移；全部检验时可仅分别输入不同幅值的电流、电压量；部分检验时可仅分别输入额定电流、电压量	查阅检验报告，模数变换系统检验不规范扣 5 分
2.3.2.7	整定值检验	40	整定值检验在全部检验时，对于由不同原理构成的保护元件只需任选一种进行检查，建议对主保护的整定项目进行检查，后备保护如相间Ⅰ、Ⅱ、Ⅲ段阻抗保护只需选取任一整定项目进行检查；部分检验时可结合装置的整组试验一并进行	

表（续）

序号	评价项目	标准分	评价内容与要求	评分标准
2.3.2.7.1	纵联距离（方向）保护、纵联电流差动保护定值检验	5	纵联距离（方向）保护（包括纵联距离主保护、相间和接地距离保护、零序电流保护、重合闸等）、纵联电流差动保护（包括电流差动主保护、相间和接地距离保护、零序电流保护、重合闸等）定值检验方法应正确	查阅检验报告，检验方法有一处不正确扣 1 分，扣完为止
2.3.2.7.2	断路器保护定值检验	3	断路器保护（包括失灵保护、三相不一致保护、充电电流保护、死区保护、重合闸、检无压检同期功能等）定值检验方法正确	查阅检验报告，检验方法有一处不正确扣 1 分，扣完为止
2.3.2.7.3	过电压及远方跳闸保护定值检验	3	过电压及远方跳闸保护（包括收信直跳就地判据及跳闸逻辑、过电压跳闸及发信等）定值检验方法正确	查阅检验报告，检验方法有一处不正确扣 1 分，扣完为止
2.3.2.7.4	短引线保护定值检验	3	短引线保护（包括比率差动保护、两段过电流保护等）定值检验方法正确	查阅检验报告，检验方法有一处不正确扣 1 分，扣完为止
2.3.2.7.5	母线保护定值检验	5	母线保护［包括差动保护、失灵保护、母联（分段）失灵保护、母联（分段）死区保护、TA 断线判别功能、TV 断线判别功能等］定值检验方法正确	查阅检验报告，检验方法有一处不正确扣 1 分，扣完为止
2.3.2.7.6	母联（分段）保护定值检验	3	母联（分段）保护（充电过流保护）定值检验方法正确	查阅检验报告，检验方法有一处不正确扣 1 分，扣完为止
2.3.2.7.7	变压器保护定值检验	5	变压器保护（包括差动保护、阻抗保护、复压闭锁过电流保护、零序电流保护、过励磁保护等）定值检验方法正确	查阅检验报告，检验方法有一处不正确扣 1 分，扣完为止
2.3.2.7.8	发电机–变压器组保护定值检验	5	发电机–变压器组保护（包括差动保护、匝间保护、发电机相间短路后备保护、定子绕组接地保护、励磁回路接地保护、发电机过负荷保护、发电机低励失磁保护、发电机失步保护、发电机异常运行保护等）定值检验方法正确	查阅检验报告，检验方法有一处不正确扣 1 分，扣完为止
2.3.2.7.9	高压电动机保护、低压厂用变压器保护、高压厂用馈线保护等定值检验	3	高压电动机保护、低压厂用变压器保护、高压厂用馈线保护等定值检验方法正确	查阅检验报告，检验方法有一处不正确扣 1 分，扣完为止
2.3.2.7.10	故障录波器以及同期装置、厂用电源快速切换装置、同步相量测量装置、安全稳定控制装置等自动装置检验	5	故障录波器以及同期装置、厂用电源快速切换装置、同步相量测量装置、安全稳定控制装置等自动装置的检验方法正确	查阅检验报告，检验方法有一处不正确扣 1 分，扣完为止
2.3.2.8	整组试验	10	全部检验时，需要先进行每一套保护带模拟断路器（或带实际断路器或采用其他手段）的整组试验，每一套保护传动完成后，还需模拟各种故障用所有保护带实际断路器进行整组试验；部分检验时，只需用保护带实际断路器进行整组试验	查阅检验报告，每套装置整组试验不规范扣 2 分，扣完为止

表（续）

序号	评价项目	标准分	评价内容与要求	评分标准
2.3.3	继电保护整定计算及定值管理	110		
2.3.3.1	发电厂继电保护整定计算报告	20	发电厂继电保护整定计算必须有整定计算报告，报告内容应包括短路计算、发电机-变压器组保护整定计算、高压厂用电系统保护整定计算、低压厂用电系统保护整定计算等部分，整定计算报告应经复核、批准后正式印刷，整定计算报告应妥善保存	查阅整定计算报告： （1）无整定计算报告扣20分； （2）整定计算报告内容缺一项（如高压厂用电系统保护整定计算）扣5分； （3）整定计算报告未经复核、批准后正式印刷扣5分，扣完为止
2.3.3.2	短路计算	10	短路电流计算工程上采用简化计算方法，计算对称短路电流初始值（即起始次暂态电流），发电机的正序阻抗可采用次暂态电抗的饱和值，各发电机的等值电动势（标幺值）可假设为1且相位一致，短路计算过程应正确（发电厂短路电流计算建议逐步采用GB/T 15544.1《三相交流系统短路电流计算》推荐的短路点等效电压源法）	查阅整定计算报告，发现短路计算一处不正确扣2分，扣完为止
2.3.3.3	发电机、主变压器、启动备用变压器整定计算	15		
2.3.3.3.1	发电机、变压器保护整定原则及灵敏系数校验	5	发电机、变压器保护的整定计算应依据DL/T 684规定的整定原则以及本标准要求进行，导则中未规定的可参照厂家技术说明书或相关技术资料进行整定，确保整定原则的合理性，并按要求校验灵敏系数	查阅整定计算报告或定值通知单或装置实际整定值，发现一处不合理或未按要求校核灵敏系数扣2分，扣完为止
2.3.3.3.2	发电机三次谐波电压单相接地保护定值整定	2	发电机三次谐波电压单相接地保护定值应结合发电机正常运行时的实测值进行整定	查阅整定计算报告或定值通知单或装置实际整定值，发现一处不合理扣2分
2.3.3.3.3	发电机失磁保护与励磁调节器低励限制、发电机过励磁保护与励磁调节器V/Hz限制、发电机励磁绕组过负荷保护与励磁调节器过励限制等的配合	2	发电机失磁保护与励磁调节器中的低励限制、发电机过励磁保护与励磁调节器中的V/Hz限制、发电机励磁绕组过负荷保护与励磁调节器中的过励限制等的配合应合理，相关限制应先于保护动作	查阅整定计算报告或定值通知单或装置实际整定值，发现一处不合理扣2分
2.3.3.3.4	发电机定子绕组过负荷保护、发电机复合电压过电流保护定值整定	2	发电机定子绕组过负荷保护的动作延时应躲过发电机-变压器组后备保护的最大延时动作于信号或自动减负荷；发电机复合电压过电流保护与主变压器后备保护的动作时间配合，如果发电机-变压器组共用一套复合电压过电流保护作为发电机-变压器组的后备保护，其动作时间与相邻线路后备保护的动作时间配合	查阅整定计算报告或定值通知单或装置实际整定值，发现一处不合理扣2分

表（续）

序号	评价项目	标准分	评价内容与要求	评分标准
2.3.3.3.5	变压器的短路故障后备保护整定	2	变压器的短路故障后备保护整定应考虑如下原则：高、中压侧相间短路后备保护动作方向指向本侧母线，本侧母线故障有足够灵敏度，灵敏系数大于1.5，若采用阻抗保护，则反方向偏移阻抗部分作为变压器内部故障的后备保护；对中性点直接接地运行的变压器，高、中压侧接地故障后备保护动作方向指向本侧母线，本侧母线故障有足够灵敏度；以较短时限动作于缩小故障影响范围，以较长时限动作于断开变压器各侧断路器	查阅整定计算报告或定值通知单或装置实际整定值，发现一处不合理扣2分
2.3.3.3.6	变压器非电量保护整定	2	变压器非电量保护除重瓦斯保护作用于跳闸，其余非电量保护宜作用于信号，冷却器全停保护应按本标准要求设置	查阅整定计算报告或定值通知单或装置实际整定值，发现一处不合理扣2分
2.3.3.4	高压厂用系统整定计算（包括高压厂用变压器）	15		
2.3.3.4.1	高压厂用变压器保护整定	5	高压厂用变压器保护的整定计算应参照DL/T 684中“变压器保护整定计算”的内容以及本标准要求进行整定；高压侧电流速度保护作为高压厂用变压器绕组及高压侧引出线的相间短路故障的快速保护，按躲过高压厂用变压器低压侧出口三相短路时流过保护的最大短路电流以及变压器可能产生的最大励磁涌流进行整定，保护动作于跳开高压厂用变压器各侧断路器及启动备用电源切换，当高压厂用变压器高压侧无断路器时，动作于停机及启动备用电源切换；高压侧定时限过电流保护或复合电压过电流保护的动作时限应考虑与低压侧分支过电流保护最大动作时间配合；高压厂用变压器低压侧分支可设置两段过电流保护，作为本分支母线及相邻元件的相间短路故障的后备保护，第一段设置限时电流速断保护，动作时限与下一级速断或限时速断的最大动作时间配合，第二段设置为分支过电流或复合电压过电流保护，动作时限与下一级过电流保护的最大动作时间配合；低压侧中性点经小电阻接地时其单相接地零序电流保护设两段时限，第一段时限按与下一级零序电流保护最长动作时间配合，第二段时限按与零序电流保护第一段动作时限配合	查阅整定计算报告或定值通知单或装置实际整定值，发现一处不合理扣5分

表（续）

序号	评价项目	标准分	评价内容与要求	评分标准
2.3.3.4.2	低压厂用变压器保护整定	4	低压厂用变压器的纵差保护、高压侧过电流保护、负序过电流保护、高压侧单相接地零序电流保护、低压侧单相接地零序电流保护、FC 回路电流闭锁功能等应整定合理；低压厂用变压器高压侧过电流保护可设置三段，第一段为电流速断保护，第二段为定时限过电流保护，第三段采用反时限过电流保护；低压厂用变压器高压侧定时限过电流保护动作时限应与下一级过电流保护的最大动作时间配合	查阅整定计算报告或定值通知单或装置实际整定值，发现一处不合理扣 2 分，扣完为止
2.3.3.4.3	高压电动机保护整定	4	高压电动机的纵差保护、电流速断保护、长启动及堵转保护、过负荷保护、负序过电流保护、热过载保护、单相接地保护、低电压保护等应整定合理	查阅整定计算报告或定值通知单或装置实际整定值，发现一处不合理扣 2 分，扣完为止
2.3.3.4.4	高压厂用馈线保护整定	2	高压厂用馈线的纵差保护或电流速断保护、限时电流速段保护、定时限过电流保护、单相接地零序过电流保护等应整定合理	查阅整定计算报告或定值通知单或装置实际整定值，发现一处不合理扣 2 分
2.3.3.5	低压厂用电系统整定计算	15		
2.3.3.5.1	低压厂用电系统设备负荷及保护配置表	3	应编制详细的低压厂用电系统设备负荷及保护配置表，配置表应包括设备名称、负荷、保护装置型号等内容（保护装置指框架断路器自带电子脱扣器、塑壳断路器自带电磁或热磁脱扣器、小型断路器以及低压综合保护测控装置等）	查阅低压厂用电系统设备负荷及保护配置表： （1）未编制配置表扣 3 分； （2）配置表内容不齐全扣 2 分
2.3.3.5.2	长延时过负荷保护、短延时反时限短路保护的动作特性方程	2	断路器自带智能保护装置（电子脱扣器）的长延时过负荷保护、短延时反时限短路保护的动作特性方程应明确	查阅厂家说明书或厂家说明函，不明确扣 2 分
2.3.3.5.3	长延时过负荷保护整定	2	低压厂用电系统进线断路器、联络断路器、下一级电源馈线以及低压电动机的长延时过负荷保护应整定合理	查阅整定计算报告或定值通知单或装置实际整定值，发现一处不合理扣 2 分
2.3.3.5.4	短延时短路保护整定计算及时间级差	2	低压厂用电系统进线断路器、联络断路器、下一级电源馈线以及低压电动机的短延时短路保护应整定合理，断路器自带智能保护装置（电子脱扣器）的短延时短路保护的定时限时间级差取 0.1s～0.2s	查阅整定计算报告或定值通知单或装置实际整定值，发现一处不合理扣 2 分
2.3.3.5.5	低压电动机瞬时短路保护整定	2	低压电动机瞬时短路保护应整定合理	查阅整定计算报告或定值通知单或装置实际整定值，发现一处不合理扣 2 分
2.3.3.5.6	低压厂用电系统零序电流保护的配置和整定	2	低压厂用电系统零序电流保护的配置和整定应合理	查阅整定计算报告或定值通知单或装置实际整定值，发现一处不合理扣 2 分

表（续）

序号	评价项目	标准分	评价内容与要求	评分标准
2.3.3.5.7	低压厂用电系统综合保护测控装置整定	2	低压厂用电系统综合保护测控装置应整定合理	查阅整定计算报告或定值通知单或装置实际整定值，发现一处不合理扣 2 分
2.3.3.6	故障录波器、安全自动装置等整定计算	5	故障录波器、同期装置、厂用电源快速切换装置等应整定合理	查阅整定计算报告或定值通知单或装置实际整定值，发现一处不合理扣 1 分，扣完为止
2.3.3.7	继电保护整定值的定期复算和校核	15		
2.3.3.7.1	全厂继电保护整定值定期校核	5	全厂继电保护整定计算的定期校核内容应明确，结合电网调度部门每年下发的最新系统阻抗，校核短路电流及相关的发变组保护定值	查阅继电保护整定计算定期校核报告： （1）未定期校核扣 5 分； （2）定期校核内容不规范扣 2 分，扣完为止
2.3.3.7.2	全厂继电保护整定值全面复算	10	定期对全厂继电保护定值进行全面复算	查阅继电保护整定计算报告，未定期全面复算扣 10 分
2.3.3.8	继电保护定值管理	15		
2.3.3.8.1	继电保护定值通知单编制及审批、保存	10	应编写全厂正式的继电保护定值通知单，定值通知单应严格履行编制及审批流程，定值通知单应有计算人、审核人、批准人签字并加盖“继电保护专用章”，现行有效的定值通知单应统一妥善保存；无效的定值通知单上应加盖“作废”章，另外单独保存	查阅发电机–变压器组、高压厂用电系统、低压厂用电系统的继电保护定值通知单： （1）继电保护定值通知单不齐全扣 5 分； （2）继电保护定值通知单未履行审批流程，无计算人、审核人、批准人签字并加盖“继电保护专用章”扣 5 分； （3）现行有效的定值通知单未统一妥善保存扣 3 分； （4）无效的定值通知单上未加盖“作废”章，与现行有效的定制通知单混放扣 3 分，扣完为止
2.3.3.8.2	继电保护定值通知单签发及执行情况记录表	2	应编制“继电保护定值通知单签发及执行情况记录表”	查阅“继电保护定值通知单签发及执行情况记录表”： （1）无“记录表”扣 2 分； （2）“记录表”跟实际情况不符扣 2 分，扣完为止
2.3.3.8.3	保护装置定值清单打印及保存	3	定值通知单执行后或装置定期检验后，应打印保护装置的定值清单用于定值核对，定值清单上签写核对人姓名及时间，打印的定值清单应统一妥善保存	查阅打印的保护装置定值清单： （1）无打印的定值清单或不齐全扣 3 分； （2）定值清单上未签写核对人姓名及时间扣 1 分； （3）打印的定值清单未统一妥善保存扣 1 分，扣完为止

表（续）

序号	评价项目	标准分	评价内容与要求	评分标准
2.3.4	继电保护图纸管理 新机组或新装置投运后图纸与实际接线核对	10	新机组或新装置投运后应结合机组检修尽快完成图纸与实际接线的核对工作，图实核对工作应落实到具体的责任人，详细记录核对结果，图纸核对记录应包括图纸编号、核对责任人、核对时间、核对结果等内容	查阅实际工作开展情况及图纸核对记录： （1）未开展图实核对工作扣10分； （2）部分未完成扣5分； （3）无详细图纸核对记录扣3分，扣完为止
2.3.5	时间同步系统	10		
2.3.5.1	时间同步装置检验	5	定期现场检验（2年～4年）时间同步装置的性能和功能，现场检验项目按照GB/T 26866执行	查阅检测报告： （1）装置未检测扣5分； （2）装置未定期检测扣2分
2.3.5.2	继电保护装置对时同步准确度检验	5	定期检验继电保护装置（结合保护装置全部检验）的对时同步准确度	查阅检测报告： （1）全部装置未定期检测扣5分； （2）部分装置未定期检测扣2分
2.3.6	直流电源系统	15		
2.3.6.1	浮充电运行的蓄电池组单体浮充端电压测量	5	浮充电运行的蓄电池组，除制造厂有特殊规定外，应采用恒压方式进行浮充电，浮充电时，严格控制单体电池的浮充电压上、下限，浮充电压值应控制在N×（2.23～2.28）V；每月至少一次对蓄电池组所有的单体浮充端电压进行测量，测量用电压表应使用经校准合格的四位半数字式电压表，记录单体电池端电压数值必须到小数点后三位，防止蓄电池因充电电压过高或过低而损坏	查阅蓄电池浮充电设置参数以及蓄电池端电压定期测量记录： （1）蓄电池浮充电参数设置不正确扣5分； （2）未定期进行蓄电池端电压测量扣5分； （3）蓄电池端电压的测量周期或数据记录或使用测量仪器不符合要求扣3分，扣完为止
2.3.6.2	蓄电池核对性充放电	5	新安装的阀控蓄电池每2年应进行一次核对性充放电，运行了4年以后的阀控蓄电池，应每年进行一次核对性充放电；若经过3次核对性放充电，蓄电池组容量均达不到额定容量的80%以上或蓄电池损坏20%以上，可认为此组阀控蓄电池使用年限已到，应安排更换	查阅蓄电池核对性充放电试验报告： （1）蓄电池核对性充放电周期不符合要求扣3分； （2）蓄电池核对性充放电试验不规范扣2分； （3）蓄电池组容量达不到额定容量的80%以上或蓄电池损坏20%以上扣5分，扣完为止
2.3.6.3	直流电源系统充电装置、微机监控装置、绝缘监测装置、电压监测装置定期检测	5	定期检测直流电源系统充电装置、微机监控装置、绝缘监测装置、电压监测装置的功能和性能	查阅充电装置、微机监控装置、绝缘监测装置、电压监测装置等的试验报告： （1）试验未开展扣5分，未定期开展扣3分； （2）试验项目不规范扣3分，扣完为止
2.4	现场设备巡查	85		
2.4.1	继电保护装置及安全自动装置	20		

表（续）

序号	评价项目	标准分	评价内容与要求	评分标准
2.4.1.1	厂房及网控继电器室、厂用配电室环境温度、相对湿度	5	厂房及网控继电器室的室内最大相对湿度不应超过 75%，室内环境温度应在 5℃～30℃范围内；安装在开关柜中微机综合保护测控装置，要求环境温度在-5℃～45℃范围内，最大相对湿度不应超过 95%	现场实际查看（抽查），存在问题扣 5 分
2.4.1.2	装置异常或故障告警信号	5	检查发电机-变压器组保护装置、线路保护装置、母线保护装置、厂用快速切换装置、同期装置等是否存在异常或故障告警信号	现场实际查看（抽查），存在问题扣 5 分
2.4.1.3	保护装置定值核对	5	打印保护装置定值清单与正式下发执行的定值通知单进行核对，检查定值是否一致	现场实际查看（抽查），存在问题扣 5 分
2.4.1.4	发电机-变压器组保护屏、母线保护屏等电流二次回路接地	3	检查发电机-变压器组保护屏、母线保护屏等的电流互感器二次回路中性点是否分别一点接地	现场实际查看（抽查），存在问题扣 3 分
2.4.1.5	保护装置时间显示	2	检查发电机-变压器组继电保护装置、线路保护装置、母线保护装置等的时间显示（年、月、日、时、分、秒）是否与主时钟（或从时钟）的时间显示一致	现场实际查看（抽查），存在问题扣 2 分
2.4.2	故障录波器	10		
2.4.2.1	故障录波器异常或故障告警信号	3	检查发电机-变压器组故障录波器、线路故障录波器是否存在异常或故障告警信号	现场实际查看（抽查），存在问题扣 3 分
2.4.2.2	手动启动录波	3	手动启动录波，查看故障录波器录波文件是否正常生成	现场实际查看（抽查），存在问题扣 3 分
2.4.2.3	故障录波文件查阅	2	查阅继电保护装置相关保护动作记录，检查故障录波器是否生成相应的故障录波文件	现场实际查看（抽查），存在问题扣 2 分
2.4.2.4	故障录波器时间显示	2	检查发电机-变压器组故障录波器、线路故障录波器的时间显示（年、月、日、时、分、秒）是否与时间同步装置的主时钟或从时钟的时间显示一致	现场实际查看（抽查），存在问题扣 2 分
2.4.3	时间同步装置 时间同步装置异常或故障告警信号	5	检查时间同步装置是否存在异常或故障告警信号	现场实际查看（抽查），存在问题扣 5 分
2.4.4	二次回路及抗干扰	10		
2.4.4.1	升压站母线及线路电压互感器、发电机机端电压互感器二次回路一点接地	5	检查升压站母线及线路电压互感器、发电机机端电压互感器二次回路的具体一点接地位置，是否满足：公用电压互感器的二次回路只允许在控制室内有一点接地，已在控制室内一点接地的电压互感器二次绕组宜在开关场将二次绕组中性点经氧化锌阀片接地	现场实际查看（抽查），存在问题扣 5 分

表（续）

序号	评价项目	标准分	评价内容与要求	评分标准
2.4.4.2	升压站及发电机–变压器组电流互感器二次回路一点接地	5	检查升压站及发电机–变压器组电流互感器二次回路的具体一点接地位置，是否满足：公用电流互感器二次绕组二次回路只允许且必须在相关保护柜屏内一点接地，独立的、与其他电流互感器的二次回路没有电气联系的二次回路应在开关场一点接地	现场实际查看（抽查），存在问题扣5分
2.4.5	等电位接地网的实际敷设	30		
2.4.5.1	静态保护和控制装置接地铜排	5	静态保护和控制装置的屏柜下部应设有截面不小于 $100mm^2$ 的接地铜排。屏柜上装置的接地端子应用截面不小于 $4mm^2$ 的多股铜线和接地铜排相连。接地铜排应用截面不小于 $50mm^2$ 的铜缆与保护室内的等电位接地网相连	现场实际查看（抽查），存在问题扣5分
2.4.5.2	保护室内的等电位接地网	5	在主控室、保护室柜屏下层的电缆室（或电缆沟道）内，按柜屏布置的方向敷设 $100mm^2$ 的专用铜排（缆），将该专用铜排（缆）首末端连接，形成保护室内的等电位接地网。保护室内的等电位接地网与厂、站的主接地网只能存在唯一连接点，连接点位置宜选择在电缆竖井处。为保证连接可靠，连接线必须用至少4根以上、截面不小于 $50mm^2$ 的铜缆（排）构成共点接地	现场实际查看（抽查），存在问题扣5分
2.4.5.3	网控室与集控室之间可靠连接	5	网控室与集控室之间，应使用截面不少于 $100mm^2$ 的铜缆（排）可靠连接，连接点应设在室内等电位接地网与厂、站主接地网连接处	现场实际查看（抽查），存在问题扣5分
2.4.5.4	沿二次电缆沟道的铜排（缆）敷设	5	沿二次电缆的沟道敷设截面不少于 $100mm^2$ 的铜排（缆），并在保护室（控制室）及开关场的就地端子箱处与主接地网紧密连接，保护室（控制室）的连接点宜设在室内等电位接地网与厂、站主接地网连接处	现场实际查看（抽查），存在问题扣5分
2.4.5.5	发电机、变压器、开关场等就地端子箱内接地铜排	5	发电机、变压器、开关场等就地端子箱内应设置截面不少于 $100mm^2$ 的裸铜排，并使用截面不少于 $100mm^2$ 的铜缆与电缆沟道内的等电位接地网连接	现场实际查看（抽查），存在问题扣5分
2.4.5.6	开关场的变压器、断路器、隔离开关、结合滤波器和TA、TV等设备的二次电缆施工	5	检查开关场的变压器、断路器、隔离开关、结合滤波器和TA、TV等设备的二次电缆，应经金属管从一次设备的接线盒（箱）引至就地端子箱，并将金属管的上端与上述设备的底座和金属外壳良好焊接，下端就近与主接地网良好焊接。在就地端子箱处将这些二次电缆的屏蔽层使用截面不小于 $4mm^2$ 多股铜质软导线可靠单端连接至等电位接地网的铜排上	现场实际查看（抽查），存在问题扣5分

表（续）

序号	评价项目	标准分	评价内容与要求	评分标准
2.4.6	直流电源系统	10		
2.4.6.1	蓄电池室的温度、通风、照明等环境	2	检查蓄电池室的温度、通风、照明等环境，阀控蓄电池室的温度应经常保持在（5～30）℃，并保持良好的通风和照明	现场实际查看（抽查），存在问题扣2分
2.4.6.2	蓄电池外观	3	检查蓄电池是否存在破损、漏液、鼓肚变形、极柱锈蚀等现象	现场实际查看（抽查），存在问题扣2分
2.4.6.3	高频开关电源模块显示	2	检查高频开关电源模块面板指示灯、标记指示是否正确、风扇无异常，检查模块输出电流、电压值基本一致	现场实际查看（抽查），存在问题扣2分
2.4.6.4	监控装置恒压、均充、浮充控制功能参数设置及异常报警	3	检查监控装置恒压、均充、浮充控制功能设置是否正确，直流母线电压是否控制在规定范围，浮充电流值是否符合规定，无过电压、欠电压报警，通信功能无异常；检查绝缘监测装置显示正常、无报警	现场实际查看（抽查），存在问题扣3分

Q / HN-1-0000.08.038 — 2015

中国华能集团公司企业标准

水力发电厂继电保护及安全自动装置

监 督 标 准

Q / HN-1-0000.08.038 — 2015

*

中国电力出版社出版、发行

（北京市东城区北京站西街19号　100005　http://www.cepp.sgcc.com.cn）

北京九天众诚印刷有限公司印刷

*

2015年8月第一版　　2015年8月北京第一次印刷

880毫米×1230毫米　16开本　5.5印张　167千字

印数0001—3000册

*

统一书号 155123 • 2591　定价 **22.00**元

敬 告 读 者

本书封底贴有防伪标签，刮开涂层可查询真伪

本书如有印装质量问题，我社发行部负责退换

155123.2591

上架建议：规程规范/电力工程

中国电力出版社官方微信　　掌上电力书屋